"十三五"普通高等教育本科规划教材

"十三五"江苏省高等学校重点教材（编号 2018-2-049）

钢结构
（核心32讲）

编著 伍 凯 曹平周

U0261142

中国电力出版社
CHINA ELECTRIC POWER PRESS

内 容 提 要

本书是"十三五"普通高等教育本科规划教材，"十三五"江苏省高等学校重点教材，是国家精品在线开放课程、江苏省一类精品课程钢结构的配套教材。全书分为五章，主要内容包括钢结构的材料、钢结构的连接、轴心受力构件、受弯构件。本书讲解了钢结构课程最核心的 32 个知识点，并通过大量参考文献，图文并茂地介绍了 64 个典型的钢结构工程，其中包括 32 个钢结构工程赏析和 32 个典型的工程案例剖析。以本书为基础，将在线课程与反转课堂融合在一起，充分发挥高质量教学改革的成果，突出线上教学与课堂教学的各自优势。

本书可作为普通高等院校土木工程、水利水电工程、港口航道及海岸工程、农业水利工程等相关专业的教材，也可作为设计和施工人员的参考用书。

图书在版编目（CIP）数据

钢结构：核心 32 讲/伍凯，曹平周编著 .—北京：中国电力出版社，2019.8

"十三五"普通高等教育本科规划教材 "十三五"江苏省高等学校重点教材

ISBN 978 - 7 - 5198 - 3300 - 8

Ⅰ.①钢… Ⅱ.①伍…②曹… Ⅲ.①钢结构—高等学校—教材 Ⅳ.①TU391

中国版本图书馆 CIP 数据核字（2019）第 118491 号

出版发行：中国电力出版社

地　　址：北京市东城区北京站西街 19 号（邮政编码 100005）

网　　址：http://www.cepp.sgcc.com.cn

责任编辑：霍文婵（010 - 63412545）

责任校对：黄　蓓　太兴华

装帧设计：赵丽媛

责任印制：钱兴根

印　　刷：北京天宇星印刷厂

版　　次：2019 年 8 月第一版

印　　次：2019 年 8 月北京第一次印刷

开　　本：787 毫米×1092 毫米　16 开本

印　　张：14

字　　数：339 千字

定　　价：78.00 元

前 言
PREFACE

钢结构是土木类和水利类专业的主干技术必修课，受众面广。河海大学开办相关专业以来，每届学生都要开设钢结构课程，具有近百年的悠久历史，该课程在国内具有重要影响力。

河海大学钢结构课程被评为国家精品在线开放课程、江苏省一类精品课程。通过几十年的教学改革，在多项教学研究项目的支持下，经历了精品课程、精品资源课、视频公开课、在线开放课程等各种课程建设。河海大学钢结构课程已形成独特风格，教学质量高，教学效果好，深受广大师生、专家和业界同行的好评与认可。

钢结构是研究土木工程、水工工程中的钢结构工作性能、设计原理与方法的一门工程技术型课程。通过系统学习钢结构的特点、基本设计原理、材料性能与影响因素、连接构造和工作性能及设计原理、基本构件的承载性能和设计原理及构造设计知识，使学生具备选用结构钢材及设计基本构件和连接的能力，为今后进行完整的钢结构设计和研究等工作打下必要的基础。

本书是国家精品在线开放课程（http：//www.icourse163.org/course/HHU-1001755159）、江苏省一类精品课程钢结构的配套教材。本书以钢结构基本知识为中心，适量辐射补充组合结构与混合结构的教学内容，丰富钢结构教学内涵，让学生了解钢结构在结构体系中越来越重要的核心地位。有利于扩展学生的知识面，使教学内容更贴近工程建设的发展近况，有利于在钢结构与其他结构形式之间建立紧密联系，进一步激发学生的学习动力。

本书讲解了钢结构课程最核心的 32 个知识点，并通过大量参考文献，图文并茂地介绍了 64 个典型的钢结构工程，其中包括 32 个钢结构工程赏析和 32 个典型的工程案例剖析。紧密联系重大钢结构工程建设，将江苏大剧院、范蠡桥、广州南站、凤凰国际传媒中心、大型水工钢闸门、海洋钢结构等科学研究中涉及的大型钢结构工程引入本教材，将钢结构基本理论与建设技术、科学研究新进展有机融合。

以本书为基础， 将在线课程与反转课堂融合在一起， 充分发挥高质量教学改革的成果， 突出线上教学与课堂教学的各自优势。 鼓励学生通过本书的引导进行课前预习与课后复习， 并扩展视野， 了解典型的钢结构工程案例； 鼓励学生下载学习书中推荐的参考文献， 拓展文献收集与学习能力。 当学生通过在线课程进行了充分的课前预习后， 反转课堂的教学质量将大幅提升， 同学们之间的课堂互动， 学生与教师之间的研究式探讨将极大地推动每位同学对课程核心知识点的理解， 并有助于活学活用。

本书出版得到江苏省青蓝工程优秀教学团队项目 （河海大学土木工程专业课程创新教学团队）、 江苏高校品牌专业建设工程一期项目 （PPZY2015B142）、 江苏省高等教育教改研究重点项目 （2017JSJG029） 的资助， 在此谨表谢忱！

本书由河海大学伍凯、 曹平周编著。 吴珠峰、 祁皓、 俞瑾、 杨程、 赵益佳、 阚锦照、 魏田田、 陈峰参与了本书的编写， 付出了巨大的努力。

本书参阅了大量文献， 对文献的每位作者表示由衷感谢！ 书中部分工程信息来源于网络， 在此一并致谢！

限于作者水平， 书中难免有疏漏和不足之处， 请广大读者批评指正。

本书增值服务如下：
扫码可进入国家精品在线开放课程——钢结构， 获得最新课程公告及教学内容， 资源丰富， 敬请关注！

伍凯　曹平周
2019 年 5 月于河海大学

目 录
CONTENTS

第一章　概　　论

第一节　钢结构的优点

一、问题引入

法国的埃菲尔铁塔举世闻名，透过美丽的外表，可以发现这是一座用钢材建造起来的钢结构建筑物。为了更好地了解钢结构，请认真思考以下问题：

钢结构是由钢板、型钢通过必要的连接组成基本构件的。与其他建筑结构相比，钢结构具有哪些优点呢？钢结构有哪些常用的连接方法，各自都有什么特点？

二、课堂内容

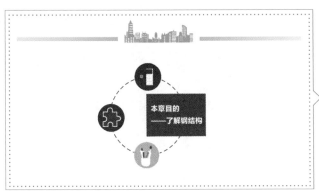

● 本章主要内容是了解钢结构的特点、应用范围和钢结构的发展，在此基础上掌握钢结构的设计要求。

● 钢结构通常由型钢、钢板、钢索等材料加工，采用焊接、螺栓等连接而形成的结构形式。

公元 65 年，我国已成功地用锻铁为环，相扣成链，建成了世界上最早的铁链悬桥——兰津桥。

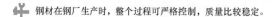

可靠性高

钢材在钢厂生产时,整个过程可严格控制,质量比较稳定。

● 与砖石和混凝土相比, 钢材属单一材料。 钢结构的材料性能可靠性高, 钢材的冶炼过程可严格控制, 质量比较稳定, 性能可靠。 由于重量轻和韧性好, 钢结构的抗震性能也好于其他结构。

可靠性高

钢材组织均匀,接近于各向同性匀质体;钢材的物理力学特性与工程力学对材料性能所作的基本假定符合较好。

理论力学
材料力学
结构力学

● 钢材组织均匀, 接近于各向同性匀质体。 钢材的弹性模量很高, 在正常使用情况下具有良好的延性, 可简化为理想弹塑性体, 最符合一般工程力学的基本假定。

可靠性高

钢结构的实际工作性能比较符合目前采用的理论计算结果。

实际性能 ≈ 理论性能

● 钢结构的设计计算结果可靠性高。 钢结构的实际工作性能比较符合目前采用的理论计算, 计算结果可靠。

可靠性高

钢结构通常是在工厂制作,现场安装,加工制作和安装可严格控制,施工质量有保证。

● 钢结构制作、 安装简便, 综合效益好。 钢构件一般在专业工厂制作, 成品精度高。 由于自重轻, 便于运输和安装, 因此现场吊装便捷, 施工质量易于保证。

材料的强度高　钢结构自重轻

钢材比混凝土的强度与重力密度之比要高得多(2倍以上)

在同样的受力条件下，钢结构用材料少，自重轻

 钢结构住宅约为混凝土住宅的1/2

门式刚架10~30kg/m²

● 钢与砖石和混凝土相比，虽然密度较大，但强度更高，密度与强度的比值较小，承受同样荷载时，钢结构要比其他结构轻。因此钢结构地震作用就小，有利于抗震，且基础的负荷减小，可降低地基与基础造价。

 钢材的塑性和韧性好

✈ 钢材塑性好，钢结构破坏前一般都会产生显著的变形，易于被发现，可及时采取补救措施，避免重大事故发生。

堆焊　　　　　堆焊
变形　　　　　处理

● 塑性是变形能力的体现，韧性是抗冲击荷载的能力。由于钢材的塑性好，钢结构在一般情况下不会因超载等而突然断裂。破坏前一般都会产生显著的变形，易于被发现，可及时采取补救措施。

 钢材的塑性和韧性好

✖ 钢材塑性好，钢结构破坏前一般都会产生显著的变形，易于被发现，可及时采取补救措施，避免重大事故发生。

✖ 钢材的韧性好，钢结构对动力荷载的适应性强。

● 钢材的韧性好，钢结构对动力荷载的适应性强，具有良好的吸能能力，抗震性能优越。设有较大锻锤或产生动力作用的其他设备的厂房，即使屋架跨度不大，也往往由钢制成。

钢结构制造简便　施工工期短

✚ 钢结构一般在专业工厂制造，易实现机械化和自动化，是工业化程度最高的结构形式。

● 钢结构一般在专业工厂制作，易实现机械化和自动化，生产效率和产品精度高，是工程结构中工业化程度最高的结构。构件制造完成后，运至施工现场拼装成结构。施工周期短，可尽快发挥投资的经济效益。钢结构由于连接的特性，使其易于加固、改建和拆迁。

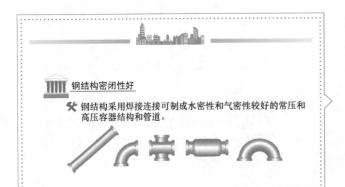

钢结构密闭性好

钢结构采用焊接连接可制成水密性和气密性较好的常压和高压容器结构和管道。

● 钢材内部组织很致密，当采用焊接连接，甚至采用铆钉或螺栓连接时，都容易做到紧密不渗漏。

三、钢结构赏析

1. 埃菲尔铁塔

埃菲尔铁塔（法语：La Tour Eiffel；英语：EiffelTower）矗立在法国巴黎的战神广场，是世界著名建筑，也是法国文化象征之一，也是巴黎最高建筑物，高300m，天线高24m，总高324m，于1889年建成，得名于设计它的著名建筑师、结构工程师古斯塔夫·埃菲尔。铁塔设计新颖独特，是世界建筑史上的技术杰作，是法国巴黎的重要景点和突出标志，如图1-1所示。

2. 广州小蛮腰

广州塔又称广州新电视塔，如图1-2所示，昵称小蛮腰，位于中国广州市海珠区赤岗塔附近，距离珠江南岸125m，与沙岛及珠江新城隔江相望，是一座类似神户港塔造型以观光旅游为主，具有广播电视发射、文化娱乐和城市窗口功能的电波塔，为2010年在广州召开的第十六届亚洲运动会提供转播服务。广州塔整体高600m，为国内第一高塔，而"小蛮腰"的腰部位于66层。

图1-1 埃菲尔铁塔

图1-2 广州新电视塔

3. 中国台北 101 大楼

台北 101（Taipei101），又称台北 101 大楼，楼高 509m，在规划阶段初期原名台北国际金融中心（TaipeiFinancialCenter），位于中国台湾省台北市信义区，由建筑师李祖原设计，KTRT 团队建造，保持了中国世界纪录协会多项世界纪录。2010 年以前，台北 101 是世界第一高楼（但不是世界最高建筑，当时的世界最高建筑是加拿大的多伦多国家电视塔）。台北 101 大楼如图 1-3 所展示的，造型宛若劲竹节节高升、柔韧有余，象征生生不息的中国传统建筑意涵。

图 1-3　台北 101 大楼

四、 随堂测验

1. 钢结构对动力荷载的适应性强，具有良好的吸能能力，抗震性能优越，请问这是由于钢结构的（　　）特点。

A. 强度高
B. 密闭性好
C. 韧性好
D. 制造工厂化

2. 埃菲尔铁塔作为法国的象征，请问它的设计师为（　　）。

A. 亨利·培根
B. 古斯塔夫·埃菲尔
C. G. 里特维德
D. 勒·柯布西耶

3. 广州塔昵称为"小蛮腰"，它全身上下最细的位置在（　　）层。

A. 89
B. 26
C. 66
D. 52

4. 台北 101 大楼 2010 年曾经是世界第一高楼，楼高 509m，请问它坐落在我国的（　　）省。

A. 台湾
B. 广东
C. 福建
D. 江苏

5. 判断题。钢结构的自重轻，是因为钢材的容重比钢筋混凝土小。　　　　　　（　　）

🎯 五、 知识要点

钢结构的主要应用领域	
1. 大跨度结构（国家体育场、国家大剧院）	2. 高层建筑（上海中心、纽约世贸中心）
3. 工业建筑（多层钢结构厂房）	4. 轻型结构（游泳中心）
5. 高耸结构（广州新电视塔）	6. 活动式结构（三峡闸门）
7. 可拆卸或移动结构（海上采油平台）	8. 容器和大直径管道（莱钢储气罐）
9. 抗震要求高的建筑	10. 急需早日交付使用的工程
11. 特种结构（酒泉卫星发射中心火箭垂直总装厂房）	

👥 六、 讨论

钢结构塑性好的同时是不是韧性也好？韧性好的同时是不是塑性也好？

📱 七、 工程案例教学

📍 江苏大剧院

江苏大剧院位于南京河西新城，该项目是集会议、演艺、娱乐、展示等多种功能为一体的文化综合体。工程建筑规模江苏第一，全国第二，项目占地 19.66 万 m²，总建筑面积 27.14 万 m²，建筑高度 47.3m。大剧院依偎江畔，建筑形体好似八方汇聚而来的水珠，饱满光润，晶莹剔透，尽显水之灵动。江苏大剧院工程整体效果图如图 1-4 所示。

图 1-4　江苏大剧院

江苏大剧院工程共包含综艺厅、歌剧厅、戏剧厅、音乐厅和公共大厅五个单体。

综艺厅、歌剧厅、戏剧厅和音乐厅四个单体的屋盖钢结构主要由斜柱、剪刀撑、中环梁、顶环梁、摇摆柱、屋面檩条及顶盖处的环梁与拉梁等部分组成。江苏大剧院钢屋盖斜柱为变截面箱型构件，斜柱支承下方框架结构钢骨混凝土柱柱顶，其中歌剧厅、戏剧厅和音乐厅斜柱柱底标高为 12m，综艺厅斜柱柱底标高为 6m，柱脚采用铸钢件向心铰支座。部分跨度较大的斜柱下方设置有圆管截面摇摆柱支撑斜柱，摇摆柱搁置于下方混凝土结构剪力墙或框架柱上。钢屋盖顶部弧面边缘与标高 27m 处分别设置有大截面顶环梁与中环梁，并在斜柱之间布置屋面檩条与剪刀撑，形成空间受力的网壳结构体系，江苏大剧院整体结构如图 1-5 所示。

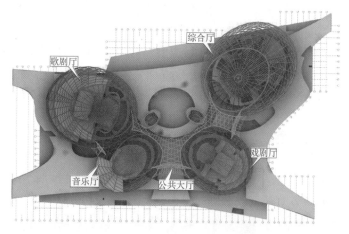

图 1-5　江苏大剧院结构布置图

江苏大剧院工程工期要求较紧，现场存在大量的混凝土与钢结构交叉作业，由于钢结构对施工作业面的要求，现场部分混凝土结构必须后做，以便钢结构吊装设备有足够的活动空间，图 1-6 给出了江苏大剧院工程现场钢结构具备施工作业条件时的施工概况。

图 1-6　江苏大剧院工程现场

为了更深入地了解江苏大剧院，推荐与此相关的论文，分别从不同方面展示建设江苏大剧院过程中所遇到的问题，可供参考。

1. 陈雪，杨雪. 浅议江苏大剧院参选方案 [J]. 江苏建筑，2012（2）：31-33.

这篇文章从经过几轮评审之后剩下的 9 个方案中挑选了两个方案进行建筑设计方面的分析，主要从四个方面对照各自的优缺点：与周围环境的契合度、节能环保、交通安全、文化传承。

2. 李远晟，孙璐. BIM 技术成就建筑之美——江苏大剧院项目实践 [J]. 建筑技艺，2014（2）：82-85.

这篇文章介绍了 BIM 技术在江苏大剧院项目实践中的诸多应用，运用参数驱动的设计方法构建复杂建筑形体，结合结构设计的流程进行方案比选与优化，通过视线、声学、消防性能化等功能性研究，提供观演类建筑的综合解决方案。

3. 蔺军，刘华，丁建强，等．江苏大剧院大型空间钢结构施工技术［J］．科技尚品，2015（12）．

江苏大剧院主要单体的屋面钢结构曲面造型新颖，因此构件制作及施工难度比较大。该文章主要对屋盖钢结构的施工安装过程进行说明，着重阐述了其中的重要结构部位吊装施工关键技术措施、结构卸载工艺控制措施及其结构施工全过程的有限元数值分析等重点内容。

4. 曹平周，李德，傅新芝，等．江苏大剧院音乐厅临时支撑卸载方案研究［J］．建筑钢结构进展，2016，18（4）：69-74．

这篇文章以江苏大剧院音乐厅屋盖钢结构施工安装为背景工程，采用有限元软件 MIDAS 对结构进行临时支撑卸载方案研究，分别对分阶段卸载方案和分区分步卸载方案进行了对比分析，并得出较优方案。

第二节　钢结构的缺点

一、问题引入

"人无完人，金无足赤"，每一事物都具有两面性。为了更好地了解钢结构不是很完善的一面，请认真思考以下问题：

既然钢结构存在不足，那么需要怎么改进或避免？

二、课堂内容

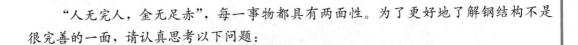

在没有腐蚀性介质的一般环境中，钢结构经除锈后再涂上合格的防锈涂料后，锈蚀问题并不严重。但在潮湿和有腐蚀性介质的环境中，钢结构容易锈蚀，需定期维护，增加了维护费用。

我国已研究生产出抗锈蚀性能良好的耐大气腐蚀钢，并用于工程结构。

● 钢材耐锈蚀的性能较差，因此必须对钢结构采取防护措施。不过在没有侵蚀性介质的一般厂房中，钢构件经过彻底除锈并涂上合格的油漆后，锈蚀问题并不严重。对处于湿度大，有侵蚀性介质环境中的结构，可采用耐候钢或不锈钢提高其抗锈蚀性能。

钢结构耐热但不耐火

当普通钢材温度在200℃以内时，钢材的主要性能变化很小，具有较好的耐热性能。当温度达600℃以上时，钢材的承载力几乎完全丧失，所以说钢材不耐火。

● 钢材长期经受 100℃ 辐射热时，性能变化不大，具有一定的耐热性能。但当温度超过 200℃ 时，会出现蓝脆现象，当温度达 600℃ 时，钢材进入热塑性状态，将丧失承载能力。因此在有防火要求的建筑中采用钢结构时，必须采用耐火材料加以保护。

钢结构耐热但不耐火

当温度在250℃左右时，钢材的塑性和韧性降低，破坏时常呈脆性断裂。

考虑一定的安全储备，当结构表面长期受辐射热温度为150℃~250℃时，需加以隔热防护。当有防火要求时，要采取防火措施。

● 普通的防火措施如在钢结构外包混凝土或其他防火材料，或在构件表面喷涂防火涂料。采用耐火钢也是解决钢结构不耐火的一种方法，我国武汉钢铁集团生产出的高性能耐火耐候钢，在 1080℃高温下 2.5h 仍然保持高强度。

钢材在低温时脆性增大

在负温度区，钢材的塑性和韧性随着温度降低而变差。

● 在严寒地区的钢结构应特别注意钢材的选择。低温下钢材的韧性和塑性较差。

特别是由厚钢板焊接而成的承受拉力和弯矩的构件及其连接节点，在低温下有脆性破坏的倾向，应引起足够的重视。

⚒ 性能优越(本来面目)

(1)轻：轻质高强(门式刚架10~30kg/m²)；跨越更大跨度，承受更大荷载；
(2)快：工业化程度高(结构体系化、工厂化、标准化、模数化)，工期短(工厂化生产：自动化、机械化；现场机械安装)；
(3)好：材性好；抗震性能好；密封性好；耐热性好；耐久性好；易于拆装；
(4)省：接受时间和运输成本；可回收再利用；节能、节材、节水、节地取材，对环境破坏小，材料可重复使用，属于生态建筑。

● 钢结构总体而言性能优越，可用 4 个字概括：轻（强度好，自重轻）；快（制作和安装工业化程度高，施工周期短）；好（材料性能好）；省（节能节材节水、就地取材，材料可循环利用）。

三、 钢结构赏析

"天下第一门"三峡船闸

三峡工程，如图 1-7 所示，是我国水利事业发展的一个里程碑，而三峡永久船闸是钢结构在水工方面应用的一个代表工程。

永久船闸是长江三峡水利枢纽工程中的三大工程之一，属于关键的通航建筑物，建成后可通万吨船队，极大地改善长江武汉至重庆段的航运条件。据三峡工程总公司介绍，永久船闸设计为南北两线五级连续船闸，呈阶梯形在大坝上由高到低排列，每一线由 5 个闸室、6 个闸首、12 扇闸门组成，总长 6422m。船闸门体之大，号称"天下第一"。

三峡永久闸门是人字门，工程要求两扇门紧闭后，仅靠不锈钢垫块的凹凸面精密吻合来承受上万吨水的压力，而且要不泄不漏，对工艺、精度的要求十分高。为此，每扇门的焊缝总长度达到 1.15 万 m，而误差却只能有几个毫米。

三峡双线五级船闸，规模举世无双，是世界上最大的船闸。它全长 6.4km，其中船闸主体部分 1.6km，引航道 4.8km。船闸的水位落差之大，堪称世界之最。三峡大坝坝前正常蓄水位为海拔 175m 高程，而坝下通航最低水位 62m 高程，这就是说，船闸上下落差达 113m，船舶通过船闸要翻越 40 层楼房的高度。已入选中国世界纪录协会世界最大的船闸世界纪录。此前，世界水位落差最大的船闸也只有 68m。

三峡船闸为与岩体共同工作的薄衬砌结构，结构最大高度达 70m，是世界船闸衬砌式结构高度之最。这样一个庞然大物，完全是中国人自己制造的，而且制造水平相当高，不仅开关自如，还滴水不漏。

据长江三峡通航管理局 2016 年 1 月 6 日消息，2015 年三峡船闸客货通过量达到 1.196 亿 t，较 2014 年增加约 30 万 t，再创新高，其中货物通过量 1.106 亿 t，过闸客船折合 900 万 t。永久船闸共有 24 扇人字闸门，如图 1-8 所示。三分之二的人字门高 36.75m，宽 20.2m，厚 3m，重达 850t，面积接近两个篮球场，其外形与重量均为世界之最，号称"天下第一门"。三峡五级船闸是世界上规模最大，水头和技术难度最高，它要解决的问题都远远超过了一般的船闸。三峡船闸的建成，表明我国在这方面的技术已达到世界领先水平。

图 1-7　三峡工程

图 1-8　三峡永久船闸

四、　随堂测验

1. 三峡大坝永久船闸每扇门的焊缝总长度达到 1.15 万 m，而误差却只能有几个（　　）。

A. mm　　　　　　　　B. m　　　　　　　　C. dm　　　　　　　　D. cm

2. 三峡船闸为与岩体共同工作的薄衬砌结构，结构最大高度达（　　）。

A. 55m　　　　　　　　B. 60m　　　　　　　　C. 70m　　　　　　　　D. 80m

3. 钢结构房屋中，选择结构用钢材时，下列因素中的（　　）不是主要考虑的因素。

A. 建造地点的气温　　B. 荷载性质　　　　C. 钢材造价　　　　D. 建筑的防火等级

4. 对于钢结构的特点叙述错误的是（　　）。

A. 建筑钢材的塑性和韧性好　　　　　　　B. 钢材的耐腐蚀性很差

C. 钢材具有良好的耐热性和防火性　　　　D. 钢结构更适合于建造高层和大跨结构

五、　知识要点

钢结构的缺点	
耐锈蚀性差	在潮湿和有腐蚀性介质的环境中，钢结构容易锈蚀，需定期维护，增加了维护费用 在没有腐蚀性介质的一般环境中，钢结构经除锈后再涂上合格的防锈涂料后，锈蚀问题并不严重
耐火性差	当温度达 600℃以上时，钢材的承载力几乎完全丧失。 考虑到一定的安全储备，当结构表面长期受辐射热温度不下于 150℃时，需加以隔热防护
低温时脆性增大	在负温度区，钢材的塑性和韧性随着温度降低而变差

六、　讨论

谈谈你知道的生活中钢结构建筑的火灾危险性和预防措施。

七、　工程案例教学

纽约世界贸易中心大楼

世界贸易中心（World Trade Center，1973—2001），位于纽约曼哈顿岛西南端，西临哈德逊河，为美国纽约的地标之一，夜景如图 1-9 所示。世界贸易中心（1962—1976）由两座并立的塔式摩天楼、4 幢 7 层办公楼和 1 幢 22 层的旅馆组成。

世界贸易中心曾为世界上最高的双塔，纽约市的标志性建筑，也曾是世界上最高的建筑物之一。整个世贸中心是当时世界上最大的商业建筑群，是美国金融、贸易中心之一。2001 年 9 月 11 日，在震惊世界的"9·11"事件中，世界贸易中心两座主楼在恐怖袭击中相继崩塌，2753 人随之而去，这是有史以来最惨烈的恐怖

图 1-9　世界贸易中心

袭击事故。现场情况如图1-10所示。

图1-10　恐怖袭击中的世界贸易中心

"9·11"事件发生过后，除了为逝去的生命感到痛惜以及对恐怖主义的谴责外，世界各地的人们也在纷纷探讨世界贸易中心双塔大楼会倒塌的原因。有人说是飞机撞击时带来了巨大的撞击作用并使建筑结构产生了损伤；有人说是飞机在碰撞的一刹那发生了强烈的爆炸；有人说是钢材在炽热的燃烧大火中发生熔化失去了承载力；也有人说是飞机的撞击使建筑结构产生了激振效应使结构逐渐破坏。

为了更好地了解纽约世界贸易中心大楼倒塌的原因，推荐与此相关的论文供参考。

1. Patrick X. W. Zou，唐嘉敏，季静. 关于纽约世界贸易中心双子塔倒塌的分析和教训 [J]. 地震工程与工程振动，2006，26（3）：31-33.

这篇文章不仅从纽约世界贸易中心双子塔的结构体系、施工技术、防火工程的角度以及火灾中结构所处的状态对倒塌的原因进行深入的分析，并且在建筑必将倒塌的前提下提出一些关于如何提高在高层建筑火警中的救援效率的建议。

2. 申林，张跃峰. 美国纽约世界贸易中心主楼倒塌原因初探 [J]. 建筑结构，2001（12）：50-51.

这篇文章介绍了纽约世界贸易中心主楼的结构体系概况，从撞击、燃烧和连接几个方面对该建筑在9·11中遭受撞击后倒塌的原因进行了分析，并建议在建设城市标志性超高层建筑时适当考虑飞机撞击这种偶然荷载的作用。

3. 许清风，王孔藩，李向民，等 . 世界贸易中心倒塌原因浅析［J］. 钢结构，2002，17（3）：55 - 56.

这篇文章介绍了世界贸易中心受撞倒塌的过程，并对世贸中心的倒塌原因进行了分析，指出了结构设计合理性对抵抗偶然灾害和挽救生命的重要性。

4. 陆新征，江见鲸 . 世界贸易中心飞机撞击后倒塌过程的仿真分析［J］. 土木工程学报，2001，34（6）：8 - 10.

本文利用动力有限元程序 LS - DYNA，对纽约世界贸易中心受飞机撞击后的倒塌，进行了力学分析和仿真，并根据计算结果进行了参数讨论。仿真计算的结果与真实倒塌过程非常接近，说明通过适当的选取计算参数和计算模型，可以对这种特殊的复杂破坏过程进行模拟分析和仿真。计算结果说明，世界贸易中心倒塌的直接原因，是火灾导致的钢材软化和楼板塌落冲击荷载引起的连锁反应。如果能够提高结构的抗火能力或者提高结构的延性，将有可能防止结构倒塌，避免惨剧再次发生。

第三节　钢结构在大跨度结构中的应用

🔍 一、问题引入

每一种建筑结构都有各自的优缺点，应该扬长避短。为了更好地了解钢结构在大跨度结构中的应用，请认真思考以下问题：

大跨度结构主要体现了钢结构的哪些特点？

📋 二、课堂内容

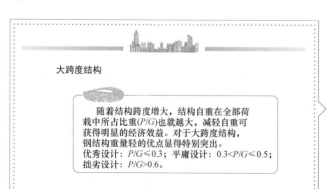

大跨度结构

随着结构跨度增大，结构自重在全部荷载中所占比重(P/G)也就越大，减轻自重可获得明显的经济效益。对于大跨度结构，钢结构重量轻的优点显得特别突出。
优秀设计：$P/G \leqslant 0.3$；平庸设计：$0.3 < P/G \leqslant 0.5$；拙劣设计：$P/G > 0.6$。

● 实际工程中，应根据钢结构的特点，注意扬长避短，合理使用钢结构。由于自重轻，钢结构已成为大跨度结构的主要形式。水利枢纽工程中的垂直升船机的行车大梁，不仅跨度大，而且承受荷载也大，也通常采用钢结构。

上海8万人体育馆

径向悬挑桁架和环向桁架组成的空间钢屋盖结构。长轴为288.4m，短轴为274.4m，最大悬挑跨度达73.5m。

- 上海8万人体育馆采用了外环圆形，内环椭圆形，呈波浪式马鞍形的整体结构，尽可能为观众提供最佳的视线质量。场周围宽30m，长1000m的巨大平台，则保证了观众疏散时道路畅通。

中国国家体育场

332.3×296.4m，开洞186.7×127.5m，由门式钢桁架围绕碗状坐席区旋转成。箱形截面杆件最大尺寸1200×1200×30mm。

- 形态如同孕育生命的"巢"和摇篮。整个体育场结构的组件相互支撑，形成网格状的构架，其中包含着一个土红色的碗状体育场看台。在这里，中国传统文化中镂空的手法、陶瓷的纹路，与现代最先进的钢结构设计完美地相融在一起。

南京奥体中心主体体育场

该钢结构由钢管桁架（钢管直径1m），钢箱梁（宽0.5m，高1.1~2.1m），支撑杆件等组成。钢拱跨度360.6m，45度斜放。

- 体育场的设计灵感来自对天上彩虹的赞美，来自对空中正升腾着美丽花冠的盛大庆典的祝福，设计理念的主题是"体育与庆典"。屋盖为直径285.6m的圆，建筑面积13.6万 m^2，6万个座位。

北京国家大剧院

由歌剧院(2500座)，音乐厅(2000座)，戏剧场(1200座)位和小剧场(300~500座)四大部分组成，用钢量263kg/m²。

- 国家大剧院外部为钢结构壳体，呈半椭球形，平面投影东西方向长轴为212.20m，南北方向短轴为143.64m，建筑物高度为46.285m，基础最深部分达到－32.5m，有10层楼那么高。

● 浦东机场有两座航站楼和三个货运区，总面积 82.4 万 m^2，有 218 个机位，其中 135 个客机位。拥有跑道四条，分别为 2 条 3800m、1 条 3400m、1 条 4000m。

● 广州白云机场航站楼的柱支撑最大高度达 49.1m。深圳大运中心南北长约 1050m，东西宽约 990m，总建筑面积 29 万 m^2；工程用钢量是地王大厦的 3.1 倍，工程桩是深南大道总长的 3 倍，清水混凝土在深圳单体建筑中面积最大，相当于 132 个标准足球场。

三、 钢结构赏析

旧金山金门大桥

金门大桥是世界著名大桥之一，被誉为 20 世纪桥梁工程的一项奇迹，也被认为是旧金山的象征，如图 1-11 所示。金门大桥的设计者是桥梁工程师约瑟夫·施特劳斯，人们把他的铜像安放在桥畔，用以纪念他对美国作出的贡献。大桥雄峙于美国加利福尼亚州宽约 1900m 的金门海峡之上。金门海峡为旧金山海湾入口处，两岸陡峻，航道水深，为 1579 年英国探险家弗朗西斯·德雷克发现，并由他命名。

金门大桥的北端连接加利福尼亚，南端连接旧金山半岛。当船只驶进旧金山，从甲板上举目远望，首先映入眼帘的就是大桥的巨形钢塔。钢塔耸立在大桥南北两侧，高 342m，其中高出水面部分为 227m，相当于一座 70 层高的建筑物。塔的顶端用两根直径各为 92.7cm、重 2.45 万 t 的钢缆相连，钢缆中点下垂，几乎接近桥身，钢缆和桥身之间用一根根细钢绳连接起来。钢缆两端伸延到岸上锚定于岩

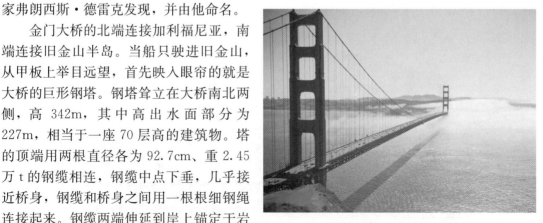

图 1-11 旧金山金门大桥

石中。大桥桥体凭借桥两侧两根钢缆所产生的巨大拉力高悬在半空之中。钢塔之间的大桥跨度达 1280m，为世界所建大桥中罕见的单孔长跨距大吊桥之一。从海面到桥中心部的高度约 60m，又宽又高，所以即使涨潮时，大型船只也能畅通无阻。

四、 随堂测验

1. 请问金门大桥所跨越的金门海峡的宽度是（　　　　）。

A. 约 1200m　　　　B. 约 1300m　　　　C. 约 1500m　　　　D. 约 1900m

2. 大跨度结构常采用钢结构的主要原因是钢结构（　　　　）。

A. 密封性好　　　　B. 自重轻　　　　C. 制造工厂化　　　　D. 便于拆装

3. 判断题。结构的可靠度是指结构在规定的时间内、规定的条件下，完成预定功能的概率。　　　　　　　　　　　　　　　　　　　　　　　　　　（　　　）

五、 知识要点

钢结构在大跨度结构中的应用	
1. 上海 8 万人体育馆	2. 中国国家体育场（鸟巢）
3. 南京奥体中心主体育场	4. 国家大剧院
5. 上海浦东机场	6. 广州新白云机场航站楼
7. 深圳大运会体育中心体育场	

六、 讨论

钢结构易锈蚀，因此造成的经济损失巨大，同时也发生过很多钢结构锈蚀事故，说说你知道的一些因钢结构锈蚀发生的事故并且谈谈有什么方法可以减缓钢材锈蚀。

七、 工程案例教学

江苏省档案馆迁建工程

江苏省档案馆是江苏文化强省的标志性建筑，位于南京市河西新城中部地区，如图 1-12

图 1-12　江苏省档案馆

所示。工程总建筑面积约 4.8 万 m²，地下一层、地上七层。室外地面到主屋面高度为 33.4m，突出屋面塔楼一层。其中五层以下为钢骨混凝土结构，五层以上为全钢结构。屋面大桁架为预应力平面桁架结构，由屋面大桁架端部吊柱下挂悬吊五、六层钢结构。下面给出了江苏省档案馆的效果图和施工现场照片。

江苏省档案馆钢结构施工可以分为五个阶段，如图 1-13 所示。具体施工流程如图 1-14 所示。

有关江苏省档案馆迁建工程在建设过程中遇见的一些问题及相关研究，推荐与此相关的论文供参考。

1. 王健华，韩伟. 江苏省档案馆工程上部钢结构精细化制作技术 ［C］//全国钢结构工程技术交流会，2012.

江苏省档案馆工程上部钢结构复杂、大悬臂区域内钢结构的安装施工对其钢构件的加工制作技术提出苛刻的要求，基于工程实际需要

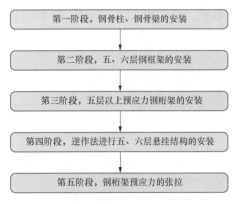

图 1-13　江苏省档案馆的五个施工阶段

并结合现场吊装要求，本文对大跨箱形构件、十字钢骨柱构件的加工工艺以及具体的精细化加工要点进行了深入的研究，并提出用于构件加工制作的专用胎膜构造，同时，对适合本工程的上部钢结构预拼接技术进行详细的阐述。

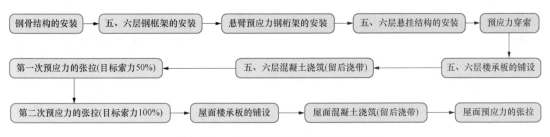

图 1-14　江苏省档案馆的具体施工流程

2. 王云，王健华. 江苏省档案馆迁建工程大跨度预应力箱梁的制作与安装技术 ［J］. 江苏建材，2013 (4)：30-33.

江苏省档案馆迁建工程中的预应力箱梁具有跨度大、吨位大、制作安装难度大等技术难度。本文结合工程实际全面阐述基于专用胎膜构造的大跨度预应力箱梁的精细化制作技术与安装技术要点，解决了大壁厚板材预应力箱梁切割、组装与安装难度大、精度难以控制的技术难题，获得良好的工程效益，对推广大跨度钢结构预应力施工技术及类似工程的实施具有一定参考价值。

3. 戎建勋，唐来顺，王健华. 江苏省档案馆工程紧凑型复合桁架楼承板安装技术 ［J］. 江苏建材，2014 (1)：39-41.

江苏省档案馆迁建工程紧凑型复合桁架楼承板具有相当的技术难度，本文针对该桁架楼

承板的结构全面定位其特点，提出了包括9个关键环节的全过程工艺流程，并全面阐述了柱边角钢安装、钢筋桁架楼承板的制作、安装后的处理技术、边模施工操作和附加钢筋及管线施工等操作技术要点。

第四节　钢结构在高层建筑中的应用

一、问题引入

为了更好地了解钢结构在高层建筑里的应用，请认真思考以下的问题：

摩天大楼（skyscraper）又称为超高层大楼，往往是一座城市的地标，请问钢结构如何应用在这些摩天大楼里？

二、课堂内容

高层建筑

高层建筑已成为现代化城市的一个标志。钢材强度高和钢结构重量轻的特点对高层建筑具有重要意义。强度高则构件截面尺寸小，可提高有效使用面积。重量轻可大大减轻构件、基础和地基所承受的荷载，降低基础工程等的造价。

● 美国目前的最高建筑为纽约新世贸1号楼，高度为541m。台北101大楼高度为508m，地上101层。我国的上海中心大厦121层，高度为580m。深圳的平安大厦和天津117大楼高度均为597m。

高层建筑

资料显示

优秀设计：$P/G \leqslant 0.3$
平庸设计：$0.3 < P/G \leqslant 0.5$
拙劣设计：$P/G > 0.6$

当今世界上最高的50幢建筑中，钢结构和钢—混凝土混合结构占80%以上。世界第一高楼将会越长越高。

● 当自重P与总荷载G的比重$P/G \leqslant 0.3$时，为优秀的工程设计；当$0.3 < P/G \leqslant 0.5$时，为平庸设计；当$P/G > 0.6$时，为拙劣设计。

迪拜塔

2004年9月21日动工,2010年1月4日竣工启用,命名哈利法塔(哈利发意为"伊斯兰帝国领袖")

● 迪拜塔160层, 高达828m。楼面为"A"字形, 并由三个建筑部分逐渐连贯成一核心体—束筒结构, 使用33万 m³ 混凝土, 3.9万 t 钢材, 目的是为能够承受飞机撞击以及大火的袭击, 三天就可建一层。

台北101大楼

高508m(天线60m),101+5层,2.3万m²。集办公、购物及观景为一体,2004年10月8日注册世界第一高楼。101代表超越。

● 台北101大楼, 以数字8作为设计单元, 每8层楼为一个结构单元。外观为多节式结构, 达到防灾防风效果, 每8层形成一组自主构成的空间, 化解高层建筑引起之气流对地面造成的风场效应, 墙体为透明隔热帷幕玻璃。

高层建筑

上海金茂大厦

88+3层,88层为观光厅,主体高度340.1m,总高420.5m。用钢1.4万t,28.7万m²。

上海环球金融中心

1997年7月和2003年2月两次开工建设。新方案把460高的94层改为492m的101层。采用巨型钢框架+核心钢筋混凝土筒混合结构。总建筑面积37.7万m²。175kg/m²。

● 上海环球金融中心塔楼主要为核心筒和巨型柱结构, 该结构施工采用自行开发研制的整体提升钢平台模板体系和进口的液压自动爬模体系。设置了两台风阻尼器, 各重150t, 长宽各有9m, 减少大楼由于强风而引起的摇晃。

世界贸易中心大楼

纽约世界贸易中心大楼建于1973年,是外框内筒的钢结构体系,110层,高417m,100万m²。用钢186kg/m²。这次飞机撞击也未能使之立即倾倒。1993年恐怖组织开车爆炸,无大影响。1975年2月11层失火,3h控制火势,直接损失100万美元。

● 世界贸易中心是由日裔美籍建筑设计师山崎实所设计。在设计过程当中已经考虑到需要使大楼结构足以抵御大型飞机的直接撞击。

2001年9月11日，北京时间20:45，757飞机(起飞重量104t，可载油35t)撞击北塔楼，94~99层直接受损，22:28倒塌；21:03—767飞机(起飞重量156t，载油51t)撞击南大楼，78~84层直接受损，22:05倒塌。以1000km/h速度飞行，撞击力相当于2万多kg的黄色炸药。

● 相关新闻报道认为大楼的倒塌并不是因为飞机的直接冲撞，而是飞机内满载的航空煤油倾泻进入大楼引起的大火所释放出的巨大热量，软化了支撑大楼的钢筋骨架，最终导致世贸中心大楼在自身重力的作用下坍塌。

一号楼纽约时间是2013年5月2号封顶，2014年投入使用。

世贸中心废墟钢材建成的美国军舰"纽约号"。

● 世界贸易中心一号大楼的高度、比例、顶部天线和看起来像被刀削过的外观，以及高大的门厅和细条纹表面，都将唤起人们对世贸中心的回忆。

西尔斯大厦
(位于美国芝加哥市中心)

最大悬臂75m，用钢量302kg/m²，最大钢板厚130mm。

● 西尔斯大厦高 443m，地上 108 层，地下 3 层。大厦在 1974 年落成，成为当时世界上最高的大楼。央视新台主楼的两座塔楼双向内倾斜 6 度，在 163m 以上由 "L" 形悬臂结构连为一体，建筑外表面的玻璃幕墙由强烈的不规则几何图案组成，造型独特、高新技术含量大。

三、 钢结构赏析

福尔柯克轮：世界唯一旋转升船机

　　苏格兰的内陆开凿了不少运河，其中福斯河－克莱德河运河（Forth and Clyde Canal）修建于 1773 年，全长 51km，是世界上第一条人工修建的海通海运河，如图 1 - 15 所示。1822 年，在该运河福尔柯克（Falkirk）东南又修建了一条联盟运河（Union Canal），位于福尔柯克与爱丁堡（Edinburgh）之间，直通爱丁堡。由于地势原因，两组运河落差约 24m。1963 年有人提出千禧年计划（Millennium Link），通过设置升船机将两组落差八层楼高的运河巧妙地连接起来，这就是福尔柯克轮（Falkirk Wheel）。

图 1 - 15　福尔柯克轮

　　世界上第一个旋转式船舶吊桥——福尔柯克轮其实就是一个大转轮，两边各有一个对称的可封闭水槽。当船要由高水位开到低水位的运河时，它就由高架水道开入水槽内，然后把水槽封闭，接着大转轮旋转半圈，把船运到低水位的运河。旋转吊桥的巨大起重机配备有 10 个水压的水泵，通过轮体内巨大的齿轮机械结构，能在 15min 内，将 4 艘船（包括水）起吊到 35m 的高度。与此同时，另一只吊臂将 4 艘船放下。由于旋转轮体是对称设计，整个装置两边的水槽是对称的，见图 1 - 16，所以船开进去后，两边水槽的重量接近一样，因此整个装置运作起来所需要的能量并不大。福尔柯克轮大大减少了船只要渡过有高度差运河时的时间，使苏格兰中部连接大西洋和北海的水道变得畅通。

图 1 - 16　福尔柯克轮的细部设计

工作原理：从图1-17中可以看出，其旋转机构由三个大齿轮，两个小齿轮组成，中间的大齿轮为主动轮，旋转时通过两个小齿轮驱动两边的大齿轮同向转动。水槽就放在两端的大齿轮中，主动轮的转动角速度与两边大齿轮的自转角速度相同，所以能够保证，两边的水槽始终保持其水平面与地面平行。两边的大齿轮能够在叶片中转动，主动轮和叶片不能相对转动。

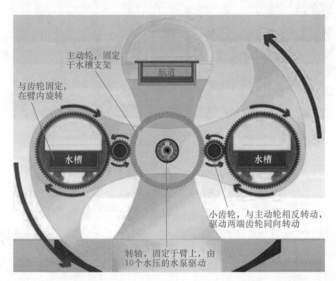

图1-17　福尔柯克轮的工作流程

通过轮体内巨大的齿轮机械结构（EGC Train），旋转式的轮体起重机可以在4min左右的时间内将低水平面位置的船只（一共可承载4艘船）连同水本身一起提升至轮体上端正方位置，旋转角度则为180度。当水槽与上方航道连接完毕时，航道会自动检测连接水槽的水深与航道内是否一致，之后航行指示灯会提示驶出旋转轮体的水槽进入上航道。旋转轮体是对称设计，两边可以同时搭载船只和水槽进行提升/降下，轮体水槽内的感应器自动计算进入水槽的船只和水体的总重量，以取得旋转时两方轮体的平衡。比如，如果左侧的水槽内只有一只船，那么右侧的水槽会自动将水量调整至等于左侧船只与水体的重量。而升降的控制则是由轮体内的操作人员在电脑控制系统上完成。

福尔柯克轮是世界上第一个，也是到目前为止唯一一个旋转升船机，被誉为21世纪工程的一大奇观。2003年被美国著名的旅游杂志《旅游者》评为最新现代建"世界七大奇观"之一。

四、随堂测验

1. 有资料提出，在高层建筑里，当自重P与总荷载G的比重P/G在（　　　）范围内可以称得上是优秀的工程设计。

A. $P/G < 0.3$　　　　　B. $0.3 < P/G \leqslant 0.5$　　　C. $0.5 < P/G \leqslant 0.6$　　　D. $P/G > 0.6$

2. 福尔柯克轮的建设是（　　　）提出。

A. 1773 年   B. 1822 年   C. 1963 年   D. 2003 年

3. 对于正常使用极限状态，结构设计只考虑荷载的（   ）。

A. 偶然组合   B. 短期效应组合   C. 长期效应组合   D. 准永久组合

4. 判断题。有资料提出，高层建筑 $P/G < 0.3$ 为优秀建筑，$0.3 < P/G \leqslant 0.5$ 为平庸建筑，$0.6 < P/G$ 为拙劣建筑。   （   ）

五、 知识要点

钢结构在高层建筑中的应用	
1. 迪拜塔（总高为 828m）	2. 中国台北 101 大楼（总高为 509m）
3. 上海金茂大厦（总高为 420.5m）	4. 上海环球金融中心（总高为 492m）
5. 上海中心（总高为 632m）	6. 纽约世界贸易中心
7. 中央电视台新台址	8. 西尔斯大厦（Sear Tower）
9. 汉考克大厦（Hancock Building）	

六、 讨论

钢结构房屋是未来趋势吗？它和目前主流的钢筋混凝土房屋与传统的木结构房屋相比有什么优势？

七、 工程案例教学

天津高银 117 大厦

天津高银 117 大厦位于天津市西青区高新技术产业园区的一栋大楼，整个项目由中央商务区、配套居住区及天津环亚国际马球运动主题公园组成，因 117 层而得名。

主楼 92 层以下为超甲级国际商务办公楼，94 层以上为超五星级酒店，其中 115 层为带室内游泳池的高级会所、116 层为景观餐厅、117 层为高档酒吧，系一幢集甲级办公、酒店、旅游观光、精品商业于一体的超大型超高层摩天大楼。

大厦首层为 65m×65m，面积 4200m²，向上以 0.88 度的角度逐层缩小至顶层 46m×46m。采用钢筋混凝土核心筒与巨型框架的结构体系，塔楼顶部为巨大的钻石造型，象征着尊贵无比的至高荣誉。117 大厦如图 1-18 所示。

117 大厦该大厦集高新技术成果于一身，共创造了 11 项中国和世界之最，包括 84.7 万 m² 的摩天大楼建筑面积世界之最、500.61m 的通道塔高度世界之最、

图 1-18 天津高银 117 大厦

8.3MPa 超高层建筑水管压力世界之最、621m 一次性泵送混凝土高度之最等。

117 大厦主塔楼核心筒模块化低位顶升钢平台总重量达 1000t，面积 1300m²，国内最大；主桁架悬臂最长达 10.2m，该体系采用世界领先的施工工艺和施工技术，实现快速改变适应竖向与水平向的体形变化，同时提供较大的作业空间和材料周转空间。顶模钢平台功能分区如图 1-19 所示。

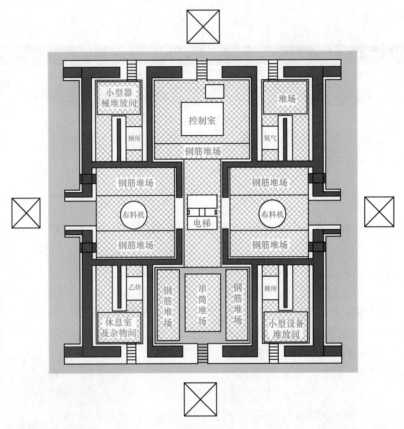

图 1-19 顶模钢平台功能分区

图 1-20 顶模体系效果图

低位钢平台顶升模型体系采用大行程（6m 行程）、高能力（可高达 450t）液压油缸和支撑立柱、箱梁作为模架的顶升与支撑系统，通过在核心筒预留的洞口处低位顶升其上部的钢桁架平台带动模板和挂件上升，完成竖向混凝土结构施工，顶模体系效果图见图 1-20，示意图见图 1-21。

核心筒标准层施工原混凝土浇筑面以上预留一定高度的钢板墙，用来跟上层即将吊装的钢板墙对接，而即将吊装的钢板墙通过塔吊从地面吊起，经过顶模顶层预留缝进入挂架，葫芦下端连接钢板墙挂点、上端连接在

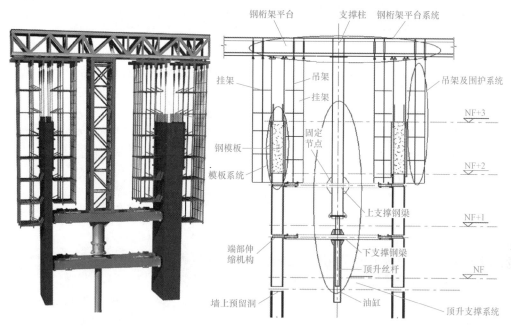

图 1-21 顶模体系示意图

钢桁架层的下端滑轨上，通过滑轨将钢板墙滑动到指定位置。然后进行钢板墙的校正，包括垂直度的校正和连接处的合实等。校正后用连接板进行临时固定，等到所有准备工作结束，开始进行钢板墙的焊接。钢板墙焊接主要有两个方面，一个是左右两面钢板墙的竖向焊接，另一个是上下两面钢板墙的水平焊接。钢板墙现场施工图如图 1-22 所示。

(a)   (b)   (c)

图 1-22 钢板墙现场施工

(a) 钢板墙吊装；(b) 钢板墙矫正；(c) 钢板墙焊接

为了更深入地了解天津高银 117 大厦，以下与此相关的论文分别从不同的方面展示建设

117 大厦过程中所遇到的问题，供参考。

1. 李鹏飞 . 浅析天津高银 117 大厦的施工重难点［J］. 门窗，2014（12）.

这篇文章主要从工程总体施工组织和土建工程施工的重难点两方面进行阐述。工程总体施工重难点有：工期进度管理，分阶段提前运营，超高层施工的垂直运输组织，工程总承包管理，超高层施工安全管理；土建工程施工重难点有：钢板剪力墙结构施工，大体积、超高泵送混凝土施工，超高层施工测量与检测，核心筒模架施工技术。

2. 朱邵辉，宫健，胡宜婷 . 天津高银 117 大厦项目地下室单层钢板剪力墙焊接分析［C］// 中国钢结构协会房屋建筑钢结构分会 2013 年学术年会论文集，2013.

这篇文章通过分析和论述的手段将本工程在焊接方面的做法进行了阐述，其中包括超厚钢板坡口的选取原则、焊接顺序的选择、焊接温度的控制等内容。

3. 王宏，戴立先，朱邵辉，等 . 天津高银 117 大厦异形多腔体巨型钢柱施工分段研究［J］. 施工技术，2012，41（20）：22 - 23，95.

该文章主要阐述在施工过程中所采用的巨型钢柱施工方法和依据，指出此类异形多腔体巨型钢构件的施工分段需综合考虑多方面因素，寻求最平衡方案。

4. 余地华，侯玉杰，艾心荧，等 . 天津高银 117 大厦新型抗侧移模块化低位顶升钢平台模架体系设计关键技术［J］. 施工技术，2015，44（23）：1 - 6.

这篇文章基于项目概况及核心筒特点，确定了顶模体系功能分区，重点从支撑与顶升系统、钢平台系统、挂架及安全防护系统、模板系统四个方面，系统介绍了天津高银 117 大厦新型抗侧移模块化低位顶升钢平台模架体系的设计情况，最后设计并应用了一种抵抗风致侧移装置。

5. 张耀林，李可军，王磊，等 . 高建钢及厚板在天津高银 117 大厦项目中的应用［J］. 建筑技术开发，2015，42（6）：12 - 16.

该文章通过介绍高建钢及厚板在天津高银 117 大厦项目中的分布情况以及施工中的焊接工艺措施，表明国产高建钢及厚板在超高层建筑中应用成熟，为类似工程设计施工提供参考依据。

第五节　钢结构在其他工程中的应用

一、问题引入

在前面两个小节里，分别认识了钢结构在大跨度结构和高层建筑里的应用。下面认识一下钢结构在其他工程里的应用，请思考以下问题：

在生活中你还知道哪些钢结构建筑物呢？

二、 课堂内容

工业建筑

使用荷载较小或跨度不大的结构为轻型结构。自重是这类结构的主要荷载，常采用冷成型薄壁型钢制成。

多层钢结构厂房

● 当工业建筑的跨度和柱距较大，或者设有大吨位吊车， 结构需承受大的动力荷载时， 往往部分或全部采用钢结构。

轻型建筑

国内跨度最大的轻钢结构是大连某粮食仓库，$l=72m$，8000m，结构用钢量49.7kg/m²。近年来金属拱型波纹屋盖已用于建筑工程。

游泳池

安徽中州家具市场内景

● 厚度 1mm 左右的压型钢板弯折成波状， 拱形， 围护结构和承重结构合一。 用钢量少， 重量轻、 成本低。

● 挡潮泄洪闸总净宽 560m， 闸底板高程－0.5m， 共设 28 孔， 闸孔净宽采用 20.0m。 28 孔闸分 6 厢布置， 厢与厢之间用分隔墩隔开， 分隔墩宽5m， 为钢筋混凝土空箱式结构。 挡潮闸垂直水流方向总长 697m， 顺水流方向长 502.5m。

高耸结构

如塔架和桅杆等，它们的高度大，横截面尺寸较小，风荷载和地震作用常常起主要作用，自重对结构的影响较大，常采用钢结构。

● 高耸结构指的是高度较大、 横断面相对较小的结构， 以水平荷载（特别是风荷载） 为结构设计的主要依据。 根据其结构形式可分为自立式塔式结构和拉线式桅式结构， 所以高耸结构也称塔桅结构。

广州新电视塔

高450m，若加上160m的天线，则将超载目前世界第一高的加拿大国家塔(553m)，成为世界第一高，被市民美称为"纤纤细腰"。

● 钢结构网格外框筒由24根钢管混凝土斜柱和46组环梁、钢管斜撑组成。外框筒用钢量4万多t，总用钢量约6万t。是国内最高、也是目前世界已建成的最高的塔桅建筑。

黑龙江广播电视塔

高336m，为正八边形抛物线型钢管塔，为多功能电视塔，兼具广播与电视发射、旅游观光、电信、科普教育等多项功能，为哈尔滨市标志性景观。塔楼标高从181m到214m，8层。

● 龙塔（黑龙江省广播电视塔）的井道为封闭式圆筒形，直径8.5m，内设三台电梯、两座消防楼梯、四个设备管道井。塔座共五层，地下一层，地上四层，为球冠形钢筋混凝土结构。其内部有直径40m、高27m的圆形共享大厅十分壮观。

风力发电

风电考叶轮转起来，这是风电发电的基础，所以需要一个高的塔筒。

● 风力发电是指把风的动能转为电能。风力发电机组的塔架一般分为悬架式、简式和独杆拉索式。百瓦级小型风力发电机大都采用独杆拉索式。

高耸结构

酒泉卫星发射中心火箭垂直总装测试厂房

莱钢30万m³储气柜现场试验

● 酒泉卫星发射中心载人航天垂直总装测试厂房，高93m，内高85m，是亚洲最高的单层建筑。莱钢储气柜储气压力12.5kPa，柜体高度112m，外接圆直径61.2m。

活动式结构

▷ 水工钢闸门、升船机等，发挥钢结构重量轻的特点，降低启闭设备造价和运转能耗。

▷ 三峡永久船闸采用双线五级连续梯级船闸，总水级差113m，闸门孔口净宽34m，每级均采用人字钢闸门，共有12道24扇闸门，每扇闸门高38.5m，宽20m，重864t。船过船闸一般需2h/35min。

● 钢闸门通常是用来开启、关闭局部水工建筑物中过水口的活动结构。它能够起到调节流量、控制水位，运送船只的效果。升船机又称"举船机"。利用机械装置升降船舶以克服航道上集中水位落差的通航建筑物。

● 为开发海上油田所建造的用于安装采油工艺所需要设施的平台。分无人平台和有人居住采油平台两类。在陆上，丛式采油井场有时也称采油平台。

如储液(气)罐、输油(气、原料)管道、水工压力管道等。三峡机组的压力钢管内径达12.4m，板厚60mm。

容器和大直径管道

● 钢管是具有空心截面，其长度远大于直径或周长的钢材。按截面形状分为圆形、方形、矩形和异形钢管；按用途分为输送管道用、工程结构用、热工设备用等；按生产工艺分为无缝钢管和焊接钢管。

🌐 抗震要求高的结构
可发挥钢结构动力性能好的优点。

🌐 急需早日交付使用的工程或运输条件差的工程
可发挥钢结构施工工期短和重量轻便于运输的特点。

🌐 特种结构
钢烟囱(上海宝钢烧结厂钢烟囱高达200多米)、钢水塔等。北京"中华世纪坛"钢结构直径47m，重达1400t，倾斜19.4度，转一周时间为4~24h。

● 由于钢结构自重轻、动力性能好，适用于抗震要求高的结构；由于钢结构施工工期短、重量轻便于运输，适用于急需早日交付使用或运输条件差的工程。钢结构优点众多，适用于有不同要求的实际工程。

300m²的住宅8人10个工作日即可完成装配，2个月内交付使用。

● 钢结构一般在工厂制作，构件制造完成后，运至施工现场拼装成结构，工业化程度高。

总结

综上所述可见，钢结构是在各种工程中广泛应用的一种重要的结构形式。随着我国经济建设的发展和钢产量的提高，钢结构将会发挥日益重要的作用。

● 国家从政策上积极支持发展钢结构。钢结构是环保型的、易于产业化和可再次利用或者可持续发展的结构，积极合理地扩大钢结构在工程中的应用是社会发展的需要。

三、钢结构赏析

国家大剧院

中国国家大剧院位于北京市中心天安门广场西，人民大会堂西侧，西长安街以南，由国家大剧院主体建筑及南北两侧的水下长廊、地下停车场、人工湖、绿地组成，总占地面积 11.89 万 m²，总建筑面积约 16.5 万 m²，其中主体建筑 10.5 万 m²，地下附属设施 6 万 m²，总造价为 31 亿元人民币，如图 1-23 所示。

图 1-23 国家大剧院

国家大剧院外部为钢结构壳体呈半椭球形，平面投影东西方向长轴长度为 212.20m，南北方向短轴长度为 143.64m，建筑物高度为 46.285m，比人民大会堂略低 3.32m，基础最深部分达到 -32.5m，有 10 层楼那么高。国家大剧院壳体由 18 000 多块钛金属板拼接而成，面积超过 30 000m²，18 000 多块钛金属板中，只有 4 块形状完全一样。国家大剧院由歌剧院、音乐厅、戏剧场、小剧场、第五空间等构成。其中音乐厅根据音乐会演出的特点，采用改良的鞋盒式设计，即座席以围坐式环绕在舞台四周，使舞台处于剧场的中心区域，以便声音能更好地扩散和传播，如图 1-24 所示。音乐厅演奏台设在池座一侧，演奏台宽 24m、深 15m，能满足 120 人的四管乐队演出使用。演奏台由固定台面和三块演奏升降台构成。通过控制演奏升降台高度的变化，形成阶梯式的演奏台面，将不同乐器的演奏清晰地展现在观众面前。演奏台前部的钢琴升降台可将三角钢琴缓缓升起，浮现在观众的视野之中。为满足大型合唱演出需要，演奏台后方观众席二层的座椅可供 180 人合唱队使用。

图 1-24 国家大剧院内部图

国家大剧院壳体由 18 000 多块钛金属板拼接而成，面积超过 30 000m²，18 000 多块钛金属板中，只有 4 块形状完全一样，夜景图见图 1-25。

图 1-25 国家大剧院夜景图

作为新北京十六景之一的地标性建筑，国家大剧院造型独特的主体结构，一池清澈见底的湖水，以及外围大面积的绿地、树木和花卉，不仅极大改善了周围地区的生态环境，更体现了人与人、人与艺术、人与自然和谐共融、相得益彰的理念。

四、随堂测验

1. 钢结构的用钢量可以低至（　　）kg/m²。

A. 10   B. 20   C. 30   D. 40

2. 专家根据经验计算统计，国家大剧院建成后的运营费和维护费极其惊人，仅每月的电费就需要 400 万元人民币，以每个希望小学平均造价 25 万（参照浙江标准）计算，可以建（ ）所希望小学。

A. 16   B. 20   C. 35   D. 8

3. 在重型工业厂房中，采用钢结构是因为它具有（ ）的特点。

A. 匀质等向体、塑性和韧性好   B. 匀质等向体、轻质高强

C. 轻质高强、塑性和韧性好   D. 可焊性、耐热性好

4. 考虑一定的安全储备，当钢结构表面长期受辐射热温度达到（ ）温度时，需要加隔热层防护。

A. 60℃   B. 90℃   C. 120℃   D. 150℃

五、 知识要点

钢结构在其他工程中的应用	
1. 多层钢结构厂房、游泳中心	2. 安徽中州家具市场
3. 曹娥江大闸	4. 广州新电视塔
5. 江苏启东风力发电	6. 酒泉卫星发射中心火箭总装测试厂房
7. 莱钢储气柜	8. 三峡闸门
9. 海上采油平台	10. 重建的"雷峰塔"
11. 南京长江大桥、苏通大桥、伦敦塔桥	

六、 讨论

请问中国在钢结构设计及施工领域都有哪些比较好的企业？

七、 工程案例教学

⚲ 引大入秦工程先明峡倒虹吸

甘肃省位于中纬度内陆地区，水资源不足，且分布不均匀，水资源利用率比较低，且浪费和污染现象较为严重。为解决城乡生活用水，新建众多长距离调水工程，因山区地形条件限制，跨沟河多采用架空压力钢管倒虹吸。

甘肃省引大入秦工程总干渠先明峡倒虹吸管结构形式为并列布置两根钢管。倒虹吸管总长 523.8m，其中斜坡段管长 389.8m、水平段管长 134m。两条钢管中心距 4.2m，最大水头 107.1m，进出口水位差 2.24m，先明峡倒虹吸见图 1 - 26。

水平自由伸缩钢管段总长 120m，共分为 12 跨，每 10m 设一支墩。支墩为花岗岩面板护面的

图 1 - 26　先明峡倒虹吸

浆砌石空心墩，最大墩高17m，墩顶为现浇钢筋混凝土承台和钢筋混凝土支座，在混凝土支座上设有四氟滑板，与钢管环形支承环座脚的不锈钢板摩擦接触。管道支承环装置见图1-27。

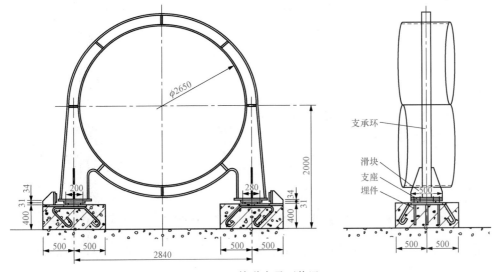

图1-27　管道支承环装置

　　水平管段两端各设一个伸缩节，下游端设有进人孔和排空管。倒虹吸管的管坡，依据地形和地质条件采用了自上而下30°、20°、40°的管坡，出口斜坡管管坡为40°。进口布置控制闸门及拦污栅。倒虹吸钢管内径2650mm，管壁厚14～22mm。管道5m一节，现场缆索吊装就位后焊接成整体。伸缩节装置见图1-28。

　　在水平管段2根钢管之间设有人行桥，以便于检修及巡视检查。人行桥现场制作安装，桥面采用4mm厚的扁豆形花纹钢板，纵梁为80mm角钢；横梁为100mm槽钢，每2m跨度一根横梁，每到支承环处将一端与支承环焊接，另一端悬空，下端与支承环焊接80mm角钢撑杆支撑，其余横梁均采用两端焊圆弧板与钢管搭接。这样一来，当一根钢管停水而另一根钢管通水时，人行桥不

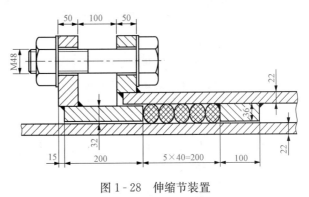

图1-28　伸缩节装置

受温度变化的影响，且现场焊接时也不会烧伤钢管内、外壁的防腐漆膜。花纹钢板在伸缩节处采用搭接形式。人行桥工程量6.9t。压力钢管管桥剖视图如图1-29所示。

　　为了更深入地了解先明峡倒虹吸工程，推荐与此相关的论文，分别从不同的方面来展示建设先明峡倒虹吸过程中所遇到的问题，供参考。

　　1. 徐汇. 引大入秦工程总干渠先明峡倒虹吸压力钢管设计［J］. 甘肃水利水电技术，2008，44（6）：383-385.

　　此文章主要介绍了钢管壁厚选择、支承方式、管道伸缩节以及人行桥和进人孔、放空管

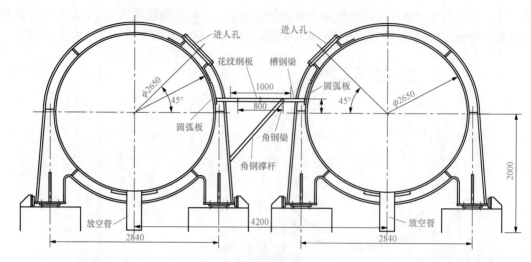

图1-29　压力钢管管桥剖视图

的设计情况，对焊缝和防腐涂装进行了重点要求。为今后进一步优化倒虹吸压力钢管设计、高质量地完成工程建设任务积累了经验。

2. 陈晓东．先明峡倒虹吸管工程设计［J］．水电站设计，2000，16（4）：6-14.

先明峡倒虹吸管是引大入秦灌溉工程总干渠上的大型跨沟建筑物，为双管桥式倒虹吸，具有工作水头高、输水流量大、管线长、管径大的特点。该文章主要从工程布置、水力计算、进出水口设计、管道压力分级、钢管设计、横断面布置、镇墩、支墩设计等方面对工程设计进行试验计算分析。

3. 胡普年．引大总干渠先明峡倒虹吸水平管段复位施工方法［J］．水利建设与管理，2013，33（11）：15-19.

引大入秦工程总干渠先明峡倒虹吸水平段钢管因温度变化引起上下游伸缩节的预留伸缩量发生了较大的变化，造成支承环的底座与支墩上的四氟滑块产生了较大错位，支墩出现了偏心受压，大部分四氟滑块出现断裂、脱胶和翘曲等破坏。该文章通过水平管段支承环底座的摩阻力、伸缩节橡胶棒摩阻力计算，水平管段采用箱型定向滑动导轨和滑动钢球的复位措施、施工方法、步骤。采用该施工方法复位后，工程运行情况良好。

4. 冯锐．先明峡倒虹吸除险加固工程管道防腐技术实践与研究［J］．水利规划与设计，2017（9）：127-128.

这篇文章通过对总干渠先明峡倒虹吸压力钢管防腐设计、施工进行总结分析，提出野外恶劣环境下输水钢管防腐处理措施，对类似高水头、大管径输水钢管野外二次防腐具有指导意义。

第二章 钢结构的材料

第一节 钢结构对所用材料的要求

❓ 一、问题引入

《老子》有云："九层之台，起于垒土。"钢结构是以钢材为建筑材料的结构，在设计时，结构工程师对钢材有什么要求呢，请思考以下问题：

钢材的种类繁多，性能差别也很大。为满足不同用途的需要，钢结构选用的钢材应满足哪些要求呢？

📝 二、课堂内容

● 要深入了解钢结构的性能，应从钢结构的材料入手，掌握钢材在不同应力状态和使用条件下的工作性能，能够根据结构特点选择合适的钢材，既要保证结构满足使用要求和安全可靠，又能节约钢材、降低造价。

钢材的破坏形式

➕ 塑性破坏：钢材在产生很大的变形以后发生的断裂破坏称为塑性破坏，也称为延性破坏。

➕ 脆性破坏：钢材在变形很小的情况下突然发生断裂破坏。

塑性破坏——破坏发生前有明显的变形，并且有较长的变形持续时间，因而易及时发现和补救。

脆性破坏——破坏前变形很小且突然发生，事先不易发现和采取补救措施，因而危险性很大。

● 钢结构所用的钢材在正常使用条件下，虽然有较高的塑性和韧性，但在某些条件下，仍然存在发生脆性破坏的可能性。塑性破坏发生时应力达抗拉强度 f_u，构件有明显的颈缩现象。脆性破坏发生时的应力常小于钢材的屈服强度 f_y，断口平直，呈有光泽的晶粒状。

及时防腐处理

"怎么材料性能原来挺好,过了若干年,我做二级工程的时候材料性能就下来了?"

● 钢材的耐锈蚀性差。 在没有腐蚀性介质的一般环境中, 钢结构经除锈后再涂上合格的除锈涂料后, 锈蚀问题并不严重。 但在潮湿的和有腐蚀性介质的环境中, 钢结构容易锈蚀, 需定期维护。

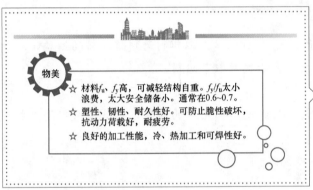

物美

☆ 材料f_u、f_y高,可减轻结构自重。f_y/f_u太小浪费,太大安全储备小。通常在0.6~0.7。
☆ 塑性、韧性、耐久性好。可防止脆性破坏,抗动力荷载好,耐疲劳。
☆ 良好的加工性能,冷、热加工和可焊性好。

● 钢结构的种类繁多, 性能差别很大。 f_y高可降低钢材用量, 减轻结构自重, f_u高可增加结构的安全保障。 塑性好的可以通过较大的塑性变形调整局部应力, 使应力分布趋于平缓, 对结构塑性设计具有重要意义。

物美

☆ 耐腐性好。
☆ 价格便宜。
☆ 有时还要求钢材具有适应低温、高温等环境的能力。

● 在长期和反复可变荷载作用下,钢材应能保持良好的力学性能和耐腐蚀性能。 此外, 根据钢材的具体工作条件, 有时还有更多要求。

☆ 《钢结构设计标准(GB 50017—2017)》推荐使用:碳素结构钢中的Q235钢、低合金结构钢中的Q345钢、Q390钢、Q420钢。

● 为了确保质量和安全, 这些钢材应具有较高的强度、 塑性和韧性, 以及良好的加工性能。 钢材的性能与其化学成分、 组织构造、 冶炼和成型方法等内在因素密切相关, 同时也受到荷载类型、 结构形式、 连接方法和工作环境的影响。

- 材料研究的发展　　⊹ 参考书
- 工程建设领域的新成就　⊹ 杂志名称

● 钢结构的研究一定要关注材料研究的发展，同时必须紧跟工程建设领域的新成果、新技术。需要时刻看一些参考书和相关杂志，提升自己的专业知识。

三、 钢结构赏析

日本明石海峡大桥

明石海峡大桥是连接日本神户和淡路岛之间跨海公路大桥，它跨越明石海峡，是目前世界上跨距最大的桥梁及悬索桥。明石海峡大桥桥墩跨距 1991m，宽 35m，两边跨距各为960m，桥身呈淡蓝色，如图 2-1 所示。明石海峡大桥拥有世界第三高的桥塔，高达 298.3m，仅次于法国密佑高架桥（342m）以及中国苏通长江公路大桥（306m）。

图 2-1 日本明石海峡大桥

南京奥林匹克体育中心

南京奥林匹克体育中心位于南京市建邺区河西新城中心区域，是亚洲仅有的四个 A 级体育馆之一，世界第五代体育建筑的代表，是 2008 年前中国最大的体育场。奥体中心总占地面积 1345 亩，总建筑面积约 40 万 m^2，如图 2-2 所示。主要建筑包括体育场（含训练场）、体育馆、游泳馆、网球中心、体育科技中心。南京奥体中心总投资约 40 亿元，于 2002 年 8 月18 日正式开工，2004 年年底建成，2005 年 5 月 1 日交付运行，是十运会和第二届亚洲青年运动会的主会场，也是 2014 年南京青奥会的主会场。

图 2-2 南京奥林匹克体育中心

四、 随堂测验

1. 钢结构具有良好的抗震性能是因为（   ）。

A. 钢材的强度高

B. 钢结构的质量轻

C. 钢材良好的吸能能力和延性

D. 钢结构的材质均匀

2. 以下（   ）指标比较高可以增强结构的安全保障。

A. 比例极限   B. 弹性极限

C. 屈服强度   D. 极限强度

3. 钢材在产生很大变形以后发生的断裂破坏称为（   ）。

A. 脆性破坏   B. 塑性破坏

C. 强度破坏   D. 失稳破坏

4. 日本明石海峡大桥是目前世界上跨距最大的桥梁及悬索桥，拥有世界第三高的桥塔，请问世界上桥塔最高的前两座桥梁的名字是（   ）。

A. 苏通长江大桥和旧金山金门桥

B. 法国密佑高架桥和苏通长江大桥

C. 苏通长江大桥和南京长江大桥

D. 法国密佑高架桥和杭州湾跨海大桥

5. 南京奥林匹克体育中心是亚洲仅有的四个 A 级体育馆之一，世界第五代体育建筑的代表，请问 2014 年它举办过的大型运动会是（   ）。

A. 第二届亚洲青年运动会

B. 第二届夏季青年奥林匹克运动会

C. 第二十六届世界大学生运动会

D. 第十六届亚洲运动会

五、 知识要点

钢结构对所用材料的要求	
1. 较高强度（Strength）	2. 足够的变形能力（Deformation）
3. 良好的加工性能（Fabrication）	4. 胜任恶劣环境的耐久性（Endure）

六、 讨论

促使钢材转脆的主要因素有哪些?

七、 工程案例教学

北京财富中心二期办公楼

北京财富中心二期办公楼位于北京市朝阳区，坐落于北京商务中心区的核心部位，东至东三环路西侧，西至财富中心二期酒店及公寓（已建成），南至商务中心东西街，北至商务中心街 5 号路南侧。财富中心二期为高度 265m 的超高层写字楼，地下 4 层，地上 63 层，标准层高 4.18m，办公楼建筑面积约 17 万 m^2，总用钢量约 3 万 t。外轮廓平面尺寸约为 64m×41.5m，长边沿南北向，短边为东西向，效果图如图 2-3 所示。

图 2-3　北京财富中心二期办公楼效果图

结构体系为框架-核心筒混合结构。外框由钢管混凝土柱与钢框架梁组成。核心筒由型钢混凝土柱和混凝土钢板剪力墙组成。4～20 层剪力墙墙体厚度 1200～1500mm，墙体中间采用整体全熔透焊接钢板墙作为钢骨，东西方向钢板墙宽 15.1m，南北方向钢板墙宽 3～5m。

核心筒暗柱、暗梁、钢板墙连接节点采用全熔透焊接，钢材采用 Q345GJC，钢板厚度为 35、50mm 和 80mm 三种型号，焊缝形式为单面坡口全熔透一级焊缝，两侧绑扎钢筋，墙体混凝土为 C60 自密实混凝土。

北京财富中心秉承"规划第一、建筑第二"的设计理念，由 GMP、LPT、WTIL、ARUP 等国际著名建筑顾问联手打造，集国际甲级写字楼、白金五星级酒店、高级公寓、商业及展示、休闲娱乐、文化艺术、会议中心等多种功能于一体占据 CBD 规划的核心区域。

为了更深入地了解北京财富中心，推荐与此相关的论文，供参考。

1. 何伟明，刘鹏，殷超，等．北京财富中心二期办公楼超高层结构体系设计研究［J］．建筑结构，2009（11）：1-8.

该论文主要介绍了结构沿竖向设置了四道含伸臂桁架和腰桁架的加强层，并将组合钢板剪力墙应用于核心筒底部加强区，有效地增强了结构的整体抗侧刚度，改善了其抗震性能，同时也减小了墙体厚度及自重。外框柱通高采用大直径圆钢管混凝土柱，有效减小了截面尺寸及用钢量。

2. 杜小红，马健，张军良．北京财富中心二期写字楼全焊接钢板墙施工工艺［J］．建筑技术，2012，43（10）：877-880.

该论文主要介绍了整体全熔透焊接钢板墙的核心筒墙体，由于焊缝集中和大量热输入导致钢板墙焊接过程产生了较大的应力及焊接变形，施工中采取了分段跳焊、对称焊接、严格控制焊接顺序、设置变形控制工艺梁、预留焊接收缩量等工艺，制作了可重复使用的焊接挂架，基本解决了焊接变形过大的问题。

3. 汪明，谭晋鹏，卢理杰，等．北京财富中心二期写字楼铸钢节点有限元弹塑性分析［J］．工程建设与设计，2012（8）：50-54.

本文主要通过有限元弹塑性分析方法计算铸钢节点在不同地震组合作用下的节点应力和变形，并通过节点非线性时程计算方法分析铸钢节点的极限承载力。

4. 汪道金，苏建成．北京财富中心写字楼超高层钢结构施工技术［J］．施工技术，2013，42（1）：24-26.

本文主要介绍了钢结构施工技术在该工程的应用。从深化设计、加工制作、运输及堆放、安装、测量及校正、焊接等几个方面对组合钢板墙的施工进行了详细的阐述。最后对高层及超高层建筑钢结构施工中的一些注意要点进行了总结。

5. 朱莉．钢管混凝土结构在北京财富中心二期工程的应用［J］．施工技术，2009，38（11）：97-100.

本文对北京财富中心二期写字楼结构在受力、抗震性能、节点形式、施工方式、防火性能、工程造价等方面进行深入研究与分析，与超高层中组合结构常用的型钢混凝土柱对比，进一步说明钢管混凝土结构的优越性，并对其设计、施工提出合理建议。

第二节 钢材的主要机械性能

一、问题引入

《孙子兵法》说："知己知彼，百战不殆。"钢结构所用的材料是钢材，为了更好地进行钢结构的设计，需要了解钢材主要的机械性能，请思考以下问题：

钢材的各种机械性能由相应试验得到，所用试件的制作和实验方法都必须按各相关国家标准进行，那么有哪些主要的机械性能呢？

二、课堂内容

● 混凝土受压性能很好，受拉性能差，结构设计中往往不考虑混凝土的抗拉强度。与混凝土相比，钢材受拉和受压性能基本相同，拉压同性。

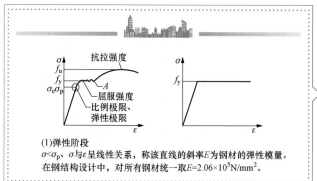

(1)弹性阶段
$\sigma<\sigma_p$、σ 与 ε 呈线性关系，称该直线的斜率 E 为钢材的弹性模量。在钢结构设计中，对所有钢材统一取 $E=2.06\times10^5\text{N/mm}^2$。

● 当应力 σ 不超过某一应力值 σ_e 时，卸载后变形将完全恢复。钢材的这种性质称为弹性，称 σ_e 为弹性极限。在 σ 达到 σ_e 之前钢材处于弹性变形阶段。σ_e 略高于比例极限 σ_p，两者极其接近，因而通常取 σ_p 和 σ_e 值相同。

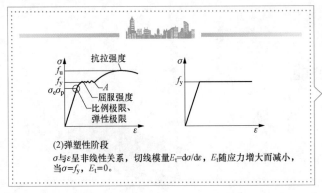

(2)弹塑性阶段

σ与ε呈非线性关系，切线模量$E_t=d\sigma/d\varepsilon$，E_t随应力增大而减小，当$\sigma=f_y$，$E_t=0$。

● 当超过比例极限以后，钢材的变形由弹性变形和塑性变形组成。弹性变形在卸载后恢复为零，是可恢复的变形；塑性变形则不能恢复，是不可恢复的变形，成为残余变形。此阶段称为弹塑性变形阶段，简称弹塑性阶段。

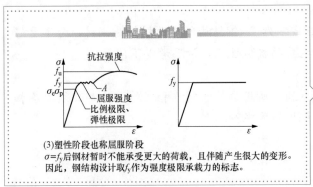

(3)塑性阶段也称屈服阶段

$\sigma=f_y$后钢材暂时不能承受更大的荷载，且伴随产生很大的变形。因此，钢结构设计取f_y作为强度极限承载力的标志。

● 当σ达屈服强度f_y后，应力不变而应变持续发展，形成屈服平台。屈服开始时曲线上下波动，波动最高点称上屈服点，最低点称下屈服点。下屈服点数值对试验条件不敏感，所以设计时常取下屈服点作为f_y。为与国际接轨，开始采用上屈服点。

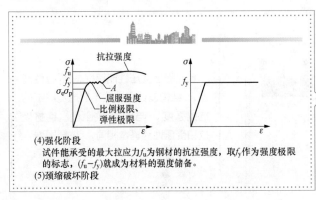

(4)强化阶段

试件能承受的最大拉应力f_u为钢材的抗拉强度，取f_y作为强度极限的标志，(f_u-f_y)就成为材料的强度储备。

(5)颈缩破坏阶段

● 钢材在屈服阶段经历较大的塑性变形后，金属内部晶粒排列发生变化，产生承受增长荷载的能力，曲线开始上升到最高点f_u，称钢材的强化阶段。当应力达到f_u后，在承载能力最弱的截面处，横截面急剧收缩，荷载开始下降直至拉断破坏。

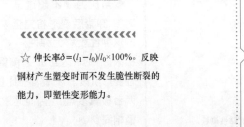

☆ 伸长率$\delta=(l_1-l_0)/l_0\times100\%$。反映钢材产生塑变时而不发生脆性断裂的能力，即塑性变形能力。

● 伸长率是衡量钢材断裂前所具有的塑性变形能力的指标，以试件破坏后在标定长度内的残余应变表示。

钢材的单调拉伸应力—应变曲线提供了三个重要的力学性能指标：屈服强度、抗拉强度、伸长率。

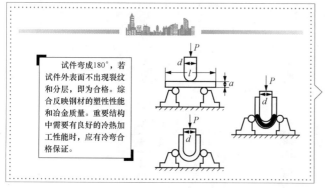

● 冷弯性能不仅能直接反映钢材的弯曲变形能力和塑性性能，还能显示钢材内部的冶金缺陷（如分层、飞金属夹渣等）状况，是判别钢材塑性变形能力及冶金质量的综合指标。

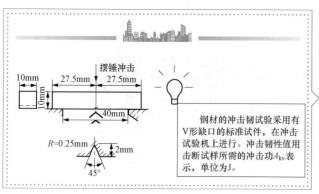

● 冲击韧性与温度有关，当温度低于某一负温值时，冲击韧性值将急剧降低。因此在寒冷地区建造的直接承受动力荷载的钢结构，除应有常温冲击韧性的保证外，尚应依钢材的类别，使其具有$-20℃$或$-40℃$的冲击韧性保证，应$A_{kv}\geqslant$规范限值。

三、 钢结构赏析

国家体育场（鸟巢）

国家体育场（鸟巢）位于北京奥林匹克公园中心区南部，为 2008 年北京奥运会的主体育场。整个工程建筑面积为 25.8 万 m^2，占地 21 公顷，总用钢量约为 11 万 t，场内观众座席约为 91 000 个。举行了奥运会、残奥会开闭幕式、田径比赛及足球比赛决赛。奥运会后成为北京市民参与体育活动及享受体育娱乐的大型专业场所，并成为地标性的体育建筑和奥运遗产。鸟巢由 2001 年普利茨克奖获得者赫尔佐格、德梅隆与中国建筑师李兴刚等合作完成的巨型体育场设计，形态如同孕育生命的"巢"，它更像一个摇篮，寄托着人类对未来的希望，如图 2-4 所示。设计者们对这个国家体育场没有做任何多余的处理，只是坦率地把结构暴露在外，因而自然形成了建筑的外观。

中央电视台总部大楼（大裤衩）

中央电视台总部大楼，位于北京商务中心区，总建筑面积约 55 万 m^2，最高建筑 234m，内含央视总部大楼、电视文化中心、服务楼、庆典广场，见图 2-5。由荷兰人雷姆·库哈斯和德国人奥雷·舍人带领大都会建筑事务所（OMA）设计。中央电视台总部大楼建筑外形前卫，被美国《时代》评选为 2007 年世界十大建筑奇迹，并列的有北京当代万国城和国家体育场。中央电视台总部大楼从最初的 50 亿工程预算，一路攀升至近 200 亿。

图 2-4　国家体育场

图 2-5　中央电视台总部大楼

四、随堂测验

1. 体现钢材塑性性能的指标是（　　）。

A. 屈服点　　　　　　　B. 强屈比　　　　　　C. 延伸率　　　　　　D. 抗拉强度

2. 同类钢种的钢板，厚度越大（　　）。

A. 强度越低　　　　　　　　　　　　B. 塑性越好

C. 韧性越好　　　　　　　　　　　　D. 内部构造缺陷越少

3. 钢材的力学性能指标，最基本、最主要的是（　　）时的力学性能指标。

A. 承受剪切　　　　　B. 承受弯曲　　　　　C. 单向拉伸　　　　　D. 两向和三向受力

4. 国家体育馆是一座钢结构建筑物，造型像一个鸟巢，请问它每平方米建筑面积的用钢量是（　　）。

A. 346kg/m²　　　　　　B. 426kg/m²　　　　　C. 638kg/m²　　　　　D. 205kg/m²

5. 中央电视台总部大楼（"大裤衩"）在建造完成后支付给设计方大都会建筑事务所高达

3.5 亿的设计费用，请问平均每平方米的设计费是（　　）。

    A. 630 元　　　　　　　　B. 123 元　　　　　　　　C. 430 元　　　　　　　　D. 332 元

五、知识要点

钢材的主要机械性能	
1. 拉伸性能（屈服强度、抗拉强度、伸长率）	2. 冷弯性能
3. 冲击韧性	4. 可焊性
5. 耐久性（耐腐蚀性、"时效"现象、疲劳现象）	6. Z 向伸缩率（板厚方向的收缩率要求）

六、讨论

应力集中对钢材的机械性能有何影响？设计时如何减小应力集中？

七、工程案例教学

曹娥江大闸

    地处钱塘江畔曹娥江河口的强涌潮段，正崛起一座惠及百姓的历史丰碑——曹娥江大闸，见图 2-6。它是目前中国乃至亚洲"第一河口大闸"，在强涌潮多泥沙河口探索建闸，对中国水利事业将产生积极而深远的影响；它是浙东引水工程的重要枢纽，对优化浙东水资源配置，对促进浙东经济社会的可持续发展发挥着极其重要的作用。

图 2-6　曹娥江大闸远景图

    由于地理位置的特殊性，曹娥江大闸的建设面临强涌潮冲击、闸下泥沙淤积、近代沉积层厚软基沉降、海水侵蚀等一系列问题。曹娥江为多泥沙河流，建于其河口的曹娥江大闸，因工程条件复杂，无成熟的经验可以借鉴，需解决规模及效益确定、闸址选择、布置方案、结构设计、地基处理设计、环境协调设计、耐久性设计等一系列问题，近景图见图 2-7。

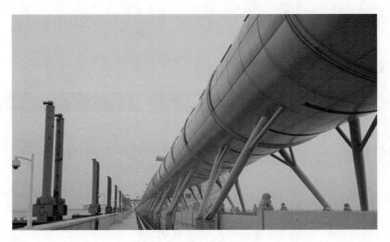

图 2-7　曹娥江大闸近景图

　　工程主要建设内容包括挡潮泄洪闸、堵坝、鱼道、导流堤、闸上江道堤脚加固、上部建筑工程、环境与文化配套工程等。挡潮泄洪闸共设 28 孔，每孔净宽 20m，总净宽 560m，总宽 697m，堵坝长 611m，导流堤长 510m。闸室为整体式结构，闸底板厚 2.5m，闸底板顶面高程—0.5m，闸墩厚 4m，中间分缝，胸墙底高程为 4.5m，顶高程为 12.5m；闸上设交通桥，桥宽 8.0m，为空箱式结构，空箱内布置电气设备和启闭机油压设备及管道。上游防冲段包括闸前护坦至上游抛石防冲槽，长 365m。内部图见图 2-8。

图 2-8　曹娥江大闸内部图

　　大闸施工以来，从前期准备工程、基础试验工程到主体工程，许多施工技术工艺实地应用都取得实质性的成效。大面积围堰一次性合龙，大口径管桩如期完成，大面积振冲挤密对软土地基处理，大体积高性能混凝土浇筑温控防裂等，得到了全国许多顶级专家的充分肯定，在中国河口建闸史上堪称第一。

为了更深入地了解曹娥江大闸，提供了与此相关的论文，供参考。

1. 陈舟. 曹娥江大闸结构耐久性设计［J］. 水利水电技术，2011，42（4）：48 - 50.

该论文介绍探讨了有关措施对提高结构耐久性的作用，为了达到100年设计寿命的目标，主要采取了结构合理分缝、适当加大保护层厚度、高性能混凝土、预应力钢绞线、环氧涂层钢筋、施工期混凝土裂缝控制、水位变动区大块石护砌等措施。

2. 马晓明，蒋建国，林军. 曹娥江大闸涌潮荷载特征与金属闸门运行对策［J］. 水利水电技术，2010，41（11）：55 - 58.

该论文主要分析了挡潮泄洪闸工作闸门的鱼腹式双拱承力体系、扁平大跨度体型、泥沙淤塞及启闭平衡性等特性，从潮位、水压力、潮头、潮速及潮流方向的角度介绍了钱塘江涌潮对于闸门的荷载特征，阐明了闸门的运行对策。

3. 王军，陈丹. 曹娥江大闸闸室结构设计［J］. 水利水电技术，2012，43（11）：84 - 86.

本文介绍了曹娥江大闸闸室的设计过程，以及设计当中所考虑的各种因素，曹娥江大闸闸室结构施工图设计阶段，综合考虑到结构跨度大及滨海环境特点，闸底板、胸墙、交通桥及轨道梁采用常规结构配筋形式很难满足限裂要求，主体结构均采用预应力张拉措施，使拉应力全部由预应力钢绞线承担，最大限度地减小混凝土结构裂缝出现的可能，设计理念有了较大转变，抗裂验算均满足规范要求。对掌握类似工程问题的设计有很好的启发作用。

4. 张美娟，卢尧夫，金剑，等. 贝雷架龙门吊及闸墩混凝土施工大型钢模一次成型技术在曹娥江大闸中的应用［J］. 水利水电技术，2007，38（9）：43 - 47.

本文通过对曹娥江大闸闸底板混凝土及闸墩混凝土施工工艺研究分析，精心设计了混凝土入仓强度为35～40m³/h的贝雷架组装大跨度龙门吊，成功实现了贝雷架龙门吊在水利工程混凝土施工中的应用；同时在施工中成功实现闸墩大钢模（12m高）一次立模到顶并一次浇筑成型的新工艺，拼缝少且没有横向接缝，确保了工程施工质量，大大缩短了工期。

第三节 影响钢材性能的主要因素

一、问题引入

一顿可口的晚餐离不开精湛的厨艺、鲜美的食材以及恰到好处的调味。有很多因素影响着晚餐的质量。其实钢材也是如此，请思考以下问题：

一般情况下，结构钢既有较高的强度，又有很好的塑性和韧性，是理想的承重材料，那么有哪些主要的因素影响钢材的机械性能呢？

二、课堂内容

基本成分为Fe，炭钢中含量占99%，碳(C)、锰(Mn)、钒(V)是有利元素，但也要注意对含量的限制。

含C↑使强度↑，塑性、韧性、可焊性↓，应控制在≤0.22%，焊接结构应控制在≤0.20%。

硫(S)、磷(P)降低钢材的脆性、韧性、可焊性和疲劳性能，应严格限制含量。

- 钢由许多化学成分组成，化学成分及含量直接影响钢材的组织构造，导致钢材的机械性能改变。钢的主要化学成分是铁和少量的碳，此外还有锰、硅等有利元素，以及难以除尽的有害元素硫和磷等。

1. 冶炼炉种的影响

- 已无必要强调炉种的影响。

- 现代工业碳化硅冶炼炉，都属于艾奇逊型炉，只是炉型大小不同而已。根据功率大小可分为小型、中型、大型及特大型四种。冶炼碳化硅的电阻炉，从结构形式上可分为固定炉和活动炉两种。此外还有U形炉和山形炉。

2. 钢的脱氧

- 钢液中残留的氧，将使钢材晶粒粗细不匀并发生热脆。因此浇注钢锭时要在炉中或盛钢桶中加入脱氧剂以消除氧。

- 钢的脱氧是指在炼钢和铸造过程中降低钢中氧含量的反应。是保证钢锭（坯）和钢材质量的重要工艺环节。在钢液中氧以溶解形式或非金属夹杂物形式存在。

3. 钢材的轧制

- 轧钢机的压力作用可使钢锭中的小气泡和裂纹弥合，并使组织密实。钢材的压缩比(钢坯与轧成钢材厚度之比)越大时，其强度和冲击韧性也越高。

- 将钢锭（坯）加热至约1300℃，通过轧钢机将其轧成所需形状和尺寸的钢材，称为热轧型钢。热轧钢材的性能与停轧温度有关，钢水中的非金属夹杂物在钢材轧制过程中会造成钢材分层，设计时应尽量避免垂直于钢板面受拉，以防止层间撕裂。

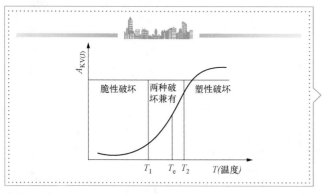

● 正温度范围内，温度 $t \leq 200℃$ 时，钢材的性能变化不大；250℃左右，钢材的塑性和韧性下降；$t > 300℃$，钢材的强度和弹性模量 E 开始显著下降；$t > 400℃$，钢材的强度和 E 都急剧降低；$t > 600℃$，承载能力几乎丧失。在负温度范围内，温度越低、材料越脆。

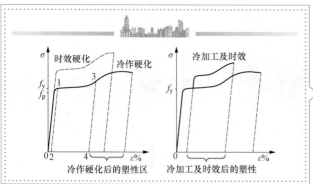

● 冷拉、冷弯、冲孔、机械剪切等冷加工使钢材产生很大的塑性变形，从而使 f_y 提高，但同时降低了钢材的塑性和韧性，这种现象称为冷加工硬化。钢材中的碳、氮随着时间的增长和温度的变化，而形成碳化物和氮化物，使材料强度提高而塑性降低的现象称为时效硬化。

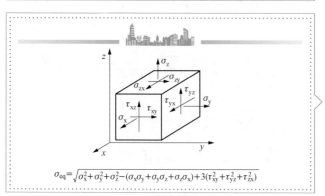

$$\sigma_{eq} = \sqrt{\sigma_x^2 + \sigma_y^2 + \sigma_z^2 - (\sigma_x\sigma_y + \sigma_y\sigma_z + \sigma_z\sigma_x) + 3(\tau_{xy}^2 + \tau_{yz}^2 + \tau_{zx}^2)}$$

● 单向拉力作用下，当单向应力达到屈服点 f_y 时，钢材屈服而进入塑性状态。在复杂应力、如平面或立体应力作用下，钢材的屈服并不只取决于某一方向的应力，而是由反映各方向应力综合影响的某个"应力函数"，即所谓的"屈服条件"来确定。

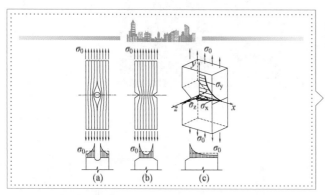

● 钢构件在缺陷或截面变化处附近将产生局部高峰应力，其余部位应力较低，称为应力集中。在应力高峰区域存在着同号的双向或三向应力。这种同号的双向或三向应力场有使钢材变脆的趋势。应力集中系数越大，变脆的倾向越严重。

三、 钢结构赏析

国家游泳中心（水立方）

国家游泳中心又称"水立方"，位于北京奥林匹克公园内，是北京为2008年夏季奥运会修建的主游泳馆，也是2008年北京奥运会标志性建筑物之一，见图2-9。它的设计方案，是经全球设计竞赛产生的"水的立方"方案，与国家体育场分列于北京城市中轴线北端的两侧，共同形成相对完整的北京历史文化名城形象。国家游泳中心规划建设用地62 950㎡，总建筑面积65 000~80 000㎡，其中地下部分的建筑面积不少于15 000㎡，长宽高分别为177m×177m×30m。

图2-9　国家游泳中心

江阴长江大桥

江阴长江大桥位于江苏省江阴市黄田港以东的西山与江苏省靖江市十圩村之间，是中国两纵两横公路主骨架中黑龙江同江至海南三亚国道主干线以及北京至上海国道主干线（G2京沪）的跨江咽喉工程。江阴大桥桥型采用主跨为1385m的钢悬索，是我国第一座跨径超越千米的特大型钢箱梁悬索桥，建成时在已建桥梁中位列中国第一、世界第四，见图2-10。江阴长江公路大桥于1994年开工建设，1999年10月建成通车。

图2-10　江阴长江大桥

四、 随堂测验

1. 在钢材所含化学元素中，均为有害杂质的一组是（　　　）。

A. 碳磷硅　　　　　　B. 硫磷锰　　　　　　C. 硫氧氮　　　　　　D. 碳锰矾

2. 钢材性能因温度而变化，在负温范围内钢材的塑性和韧性随着温度的降低而（　　）。

A. 不变　　　　　　　　　　　　　　　　B. 降低

C. 升高　　　　　　　　　　　　　　　　D. 稍有提高，但变化不大

3. 钢材中磷含量超过限制时，钢材可能会出现（　　）。

A. 冷脆　　　　　　　　　　　　　　　　B. 热脆

C. 蓝脆　　　　　　　　　　　　　　　　D. 徐变

4. 钢材经历了应变硬化、应变强化之后（　　）。

A. 强度提高　　　　　　　　　　　　　　B. 塑性提高

C. 冷弯性能提高　　　　　　　　　　　　D. 可焊性提高

5. 国家游泳中心"水立方"的用钢量为6900t，请问平均每平方米建筑面积的用钢量是（　　）。

A. $35\sim76kg/m^2$　　　　　　　　　　B. $86\sim106kg/m^2$

C. $112\sim136kg/m^2$　　　　　　　　　D. $231\sim306kg/m^2$

6. 江阴长江公路大桥是中国首座跨径超千米的特大型钢箱梁悬索桥梁，总造价为27.2996亿元，大桥全长3071m，请问平均每米的造价是（　　）。

A. 89万　　　　　　B. 0.9万　　　　　　C. 8万　　　　　　D. 16万

🎯 五、 知识要点

影响钢材性能的主要因素	
1. 化学成分	2. 钢材生产过程
3. 温度	4. 冷加工硬化和时效硬化
5. 复杂应力状态	6. 应力集中
7. 荷载作用速率	

👥 六、 讨论

碳、硫、磷对钢材的性能有哪些影响？

🏢 七、 工程案例教学

📍 津塔（纯钢结构超高层建筑）

津塔高度为336.9m，是一座位于天津海河河畔的摩天大楼，是天津环球金融中心的重要组成部分，津塔由写字楼和公寓两部分组成，其外形如同船帆，寓意着天津扬帆起航，可容纳1万多人办公。津塔的名称与天津市老地标"天塔"相呼应，且新旧地标各取"天津"之中一字，见图2-11。津塔已于2010年1月14日封顶并超过北京国际贸易中心3期，成为中国长江以北地区的第一高楼并在中国已建成的摩天大楼中排名第7位，在世界已建成的摩天大楼中排名第25位。津塔为全钢结构超高层建筑（包括柱、梁、电梯井、楼梯等），由全球知名建筑设计商美国SOM公司承担结构设计。

图 2-11 津塔

与以往中央重物球体保持平衡的建筑方式不同，津塔采用的是目前最先进的钢板剪力墙结构，同时津塔也是全球范围内采用钢板剪力墙结构技术建成的最高建筑。津塔写字楼是世界上罕有的纯粹超高层写字楼，2011 年该建筑还获得了美国加州建筑结构设计奖。

津塔塔基略小，中部稍大，上部逐层收缩，而外部的玻璃幕墙运用纵向多折面的折纸造型，使得形体庞大的超高层建筑视觉效果看上去显得格外轻盈而秀美，从而削减了超大建筑体量的沉重感。整体建筑为筒中筒结构形式，由内侧核心筒与外筒组成，核心筒与外筒间以钢梁相连接成为层间地面，而核心筒则由若干电梯井及薄型钢板剪力墙组成。

大厦由 70 个标准层与 4 个桁架层组成，每个桁架层暗含一个设备层，每隔十四层设一个加装斜向支撑的桁架层（也称为桁架区），用以加固自身结构。建筑整体的钢构件多达 27 000余件，包括柱、梁、薄型钢板剪力墙、外部装饰件及钢楼梯等。最重的单体构建（核心筒立柱）重达 48.5t，由中建一局集团承担结构施工。

为了让大家更深入地了解津塔，推荐与此相关的论文，分别从不同的方面来展示建设津塔过程中所遇到的问题供参考。

1. 高华杰，杨耀辉，焦国强，等 . 天津津塔超高层钢管柱混凝土顶升浇筑技术 [J] . 施工技术，2010，39（5）：67 - 69.

该论文主要针对津塔工程混凝土强度高、黏度大、泵送距离长、坍落度损失大等特点，提出了控制混凝土水胶比、掺加适量膨胀剂等技术措施。另外详细介绍了顶升口设置、钢管柱预留孔设置、混凝土泵送、钢管柱内混凝土密实性和强度检验等。指出钢管混凝土施工过程中，应重视泵管检查、泵送压力观察、防雨雪及防冻。

2. 韦疆宇，葛冬云，周文瑛，等. 天津津塔超高层钢结构中受荷钢板剪力墙的焊接技术 [J]. 钢结构，2011，26（11）：56-60.

该论文主要从焊接方案分析、焊接节点优化设计、焊接工艺措施、焊接应力监测、焊接质量分析、焊接材料的选用等各方面阐述津塔钢板剪力墙在结构荷载下的焊接技术，尝试将振弦式应力传感器应用于焊接应力监测，结合焊接应力监测结果改进焊接应力控制措施，强调焊接过程中规避焊接裂纹的发生以及对过程中发生的焊接裂纹的分析处理。

3. 段向胜，周锡元，李志伟. 天津津塔钢板剪力墙焊接应力监测与数值模拟 [J]. 建筑结构，2011（6）：118-125.

本文发表于《建筑结构》，主要通过改变焊接顺序和焊接速度监测了剪力墙焊接应力场及残余应力场的变化；同时采用间接和直接的耦合分析方法分别对结构的应力状态和热效应进行了有限元模拟。

4. 徐麟，陆道渊，黄良，等. 天津津塔结构的钢管混凝土柱设计 [J]. 建筑结构，2009（s1）：812-816.

本文主要介绍了在不同施工工况下，不同规范及钢板剪力墙影响下的津塔结构的钢管混凝土柱如何设计的。针对天津津塔的工程实际情况，进行了针对性的试验研究，提出了安全可靠的钢管混凝土柱设计原则，便于对此工程的结构设计有一个更好的理解。

5. 高华杰，张标，王向东. 天津津塔巨型钢管柱脚施工技术 [J]. 施工技术，2010，39（4）：26-28.

天津津塔由于采用了嵌入式的钢柱脚和墙角设计，出现了底板上部钢筋无法正常贯通、柱脚、墙脚如何临时固定等技术问题。针对这些问题，介绍了相应的处理措施，包括底板上钢筋连接、钢板墙脚下钢筋布置、钢管柱脚板上混凝土浇筑孔留设、巨型钢管柱脚临时支撑设计等，取得了良好的效果。

第四节 钢材的疲劳

一、问题引入

人在身体过度消耗、长期情绪紧张或缺乏睡眠时常会感到疲劳。其实钢材也会疲劳，请思考以下问题：

1. 什么是钢材的疲劳破坏呢？疲劳破坏有哪些主要特点呢？

2. 在进行钢结构的疲劳计算时有什么需要注意的吗？

📖 **二、 课堂内容**

● 疲劳破坏时没有明显变形， 属于脆性破坏， 危险性较大。 钢结构中总存在有微观裂纹或类似的缺陷， 在反复荷载作用下， 截面改变处的应力高峰区也会产生微观裂纹。 在多次反复荷载作用下， 受拉区的微观裂纹不断开展和闭合， 应力集中现象越来越严重。

● 工程结构承受的重复荷载的应力幅多数是随机变化的， 如风力发电塔架结构承受的风荷载、 桥梁结构的车辆荷载、 吊车梁的吊车荷载等。 对变幅疲劳问题， 低应力幅在高周循环阶段的疲劳损伤程度较低， 且存在一个不会疲劳损伤的截止限， 取 $N = 5 \times 10^6$ 次时的应力幅为常幅疲劳极限。

● 焊接虽然便捷高效， 但产生的残余应力对疲劳影响巨大。 试验表明， 焊接部位发生疲劳破坏并不是荷载产生的最大应力 σ_{max} 反复作用的结果， 而是该位置实际应力幅反复作用的结果， 还包括焊接残余应力的影响。 焊缝缺陷常成为裂纹起源， 对疲劳影响巨大。

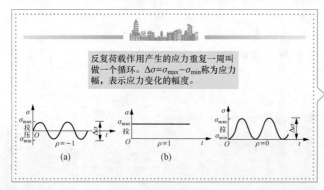

● 反复荷载作用产生的应力重复一周为一个循环。 应力循环特征常用应力比 $\rho = \sigma_{min} / \sigma_{max}$ 来表示， σ_{max} 和 σ_{min} 分别表示每次应力循环中的最大和最小应力， 以拉应力为正。 $\rho = -1$、 $\rho = 1$、 $\rho = 0$ 时的应力循环分别称为完全对称循环、 静荷载作用和脉冲循环。

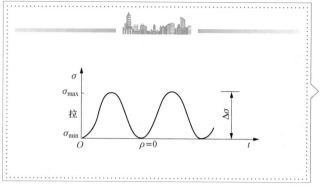

- $\Delta\sigma = \sigma_{max} - \sigma_{min}$ 称为应力幅，表示应力变化的幅度。与应力比相比较，应力幅更适合于反映焊接结构的真实应力循环特征。

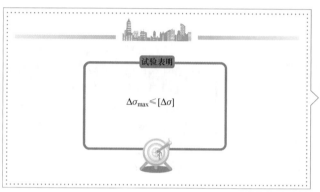

- 试验证明，焊接结构发生疲劳破坏并不是名义最大应力 σ_{max} 作用的结果，而是焊缝部位足够大小的应力幅反复作用的结果。非焊接结构的疲劳寿命不仅与应力幅有关，还与其他因素有关。规范把疲劳计算公式中的应力幅调整为折算应力幅，以反映其实际工作情况。

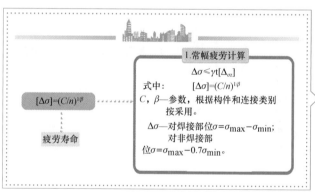

- 设计计算中，常幅疲劳条件下构件及其连接的名义正应力幅或剪应力幅应符合下列公式的要求：$\Delta\sigma \leqslant \gamma_t[\Delta\sigma_z]$、$\Delta\tau \leqslant [\Delta\tau_c]$。$\Delta\sigma$ 和 $\Delta\tau$ 为验算部位的名义正应力幅和名义剪应力幅。

- 对随机变化的变幅疲劳，若能预测结构在使用寿命期间各种荷载的频率分布、应力幅水平以及频次分布总和所构成的设计应力谱，则可算出各正应力幅 $\Delta\sigma_1$，…，$\Delta\sigma_k$ 各自的重复出现次数 n_1，…，n_k，对此可近似地按照线性疲劳累积损伤原则，将随机变化的应力幅折算为等效应力幅 $\Delta\sigma_e$。

● 吊车梁是钢结构中经常遇到的承受变幅循环荷载的构件。根据对一些重级工作制吊车梁的实测资料，可按照剪应力变幅疲劳计算公式求出 $\Delta\sigma_e$。将 $\Delta\sigma_e$ 与最大一级（满负荷）的应力幅 $\Delta\sigma$ 相比，得欠载效应的等效系数 $\alpha_f = \Delta\sigma_e/\Delta\sigma$。

● 重级工作制吊车梁和重级、中级工作制吊车桁架的疲劳可简化为常幅疲劳，按下式计算：$\alpha_f\Delta\sigma \leqslant \gamma_t[\Delta\sigma]_{2\times10^6}$。$\alpha_f$ 为吊车梁和吊车桁架欠载效应的等效系数。γ_t 为板厚（或直径）的修正系数。

● 改善结构疲劳性能应针对影响疲劳寿命的主要因素，设计时采用合理的构造细节，努力减小应力集中，尽量避免多条焊缝交汇而导致较大多轴残余拉应力，尽可能使产生高残余拉应力部位处于低应力区。制作和安装时采取有效工艺措施，保证质量，减少和减小或防止产生初始裂纹。

三、钢结构赏析

邵伯船闸

　　船闸具有调节水位功能，自古以来就作为运河上最重要的助航设施存在着。邵伯船闸位于江苏省扬州市，是一座具有 1600 年悠久历史的著名船闸，它的历史可看作我国船闸发展史的一个缩影。

　　邵伯船闸最早建于 1934 年，该闸已报废，目前运行的一号船闸建成于 1962 年，闸室有效尺度为 230m×20m×5m，两闸闸门均为钢质平板横拉门。二号船闸建成于 1987 年，闸室有效尺度为 230m×23m×5m，两闸闸门均为钢质平板横拉门，闸室除设有系船钩外，二号闸还设置了12只浮式系船柱，见图2-12。两闸均为短廊道头部输水，采用对冲消能，引航道布置形式均采用不对称式，并设有引航桥供船员上下通行。两闸之间距离为108m。上下游设计最大水位差7m，阀门采用20t液压机启闭，闸门采用齿轮齿条式顶平车启闭机启闭。船闸经多次技术改造，现采用了管控一体化、联网收费系统、监控系统先进方式，对船闸运行控制以及船舶过闸服务的全过程即登记、收费、调度放行等进行一体化管理，具有较高的科技水平。

图2-12　邵伯船闸

邵伯船闸闸门结构为空间桁架节点弧形三角门，根据设计，闸室净宽为23m，闸门分为上下游各2扇，输水廊道阀门4扇，闸门高度为上游9.0m，下游11.4m。门体结构由面板梁格系、顶底片桁架、空间联系桁架、端柱等组成。闸门主要材料由Q235B和工字钢、槽钢、角钢组成。各钢架部分为空间网架结构，网架杆件采用角钢加缀板连接形式，空中节点采用板式节点。夜景图见图2-13。

图2-13　邵伯船闸夜景图

古邵伯一端连接今邵伯湖西北高地，另一端连接邵伯镇东南之高地，中间横穿流经邵伯的古邗沟。为解决邗沟通航，特在横穿邗沟的邵伯埭上下两侧多建一个有一定坡比的斜坡，以连接上下游航道，用人力或畜力，绞关牵引船舶过埭，此为邵伯最早的过船设施。随着经验的积累和技术的进步历经1000多年逐步形成今天的高技术的船闸。了解邵伯船闸能更深地了解我国船闸发展史。

四、 随堂测验

1. 在构件发生断裂破坏前，无明显先兆的情况是（ ）的典型特征。

A. 脆性破坏 　　　　　　　　　　　B. 塑性破坏

C. 强度破坏 　　　　　　　　　　　D. 失稳破坏

2. 焊接结构的疲劳强度的大小与（ ）关系不大。

A. 钢材的种类 　　　　　　　　　　B. 应力循环次数

C. 连接的构造细节 　　　　　　　　D. 残余应力大小

3. 构件发生脆性破坏时，其特点是（ ）。

A. 变形大 　　　　　　　　　　　　B. 破坏持续时间长

C. 有裂缝出现 　　　　　　　　　　D. 变形小或无变形

4. 下列钢结构的破坏属于脆性破坏的是（ ）。

A. 轴压柱的失稳破坏 　　　　　　　B. 疲劳破坏

C. 钢板受拉破坏 　　　　　　　　　D. 螺栓杆被拉断

5. 邵伯船闸最早建于（ ）年。

A. 1934 　　　　　　B. 1834 　　　　　　C. 1800 　　　　　　D. 1994

五、 知识要点

钢材的疲劳	
1. 疲劳的概念	2. 影响疲劳性能的主要因素
3. 疲劳计算	

六、 讨论

疲劳破坏发生的根本原因是什么？

七、 工程案例教学

银川国际会展中心

银川国际会展中心，一个具有伊斯兰风格的现代展览建筑，是宁夏回族自治区成立五十周年大庆重要建设项目之一，是银川市新建的"三馆两中心"之一，见图2-14。会展中心凭借其各方优势，提升展会形象也是推动宁夏"形象工程"发展的一个城市"名片"，带来良好的经济效益和社会效益。

银川国际会展中心位于银川城市核心区人民广场西侧，基地周边自成环路，人、货流线

图 2-14　银川国际会展中心

畅通。会展中心以其现代而富有地域风格的造型、精致而富于雕塑感的细部处理,成为城市中一道亮丽的景观。

作为大型公共建筑本身具有单层大空间的建筑尺度特征,建设方案在建筑形态上采用了现代技术及理念的处理手法,采用钢结构,表面覆以张拉膜,体现出建筑物的时代性。在空间形态上采用轻薄膜与玻璃相对比的设计手法形成多层次的空间形态,为人带来较强的视觉冲击,作为观赏角度也显得轻盈、美观、大方的视觉享受,C 馆的效果图见图 2-15。

图 2-15　银川国际会展中心 C 馆

银川国际会展中心采用钢筋混凝土柱下独立基础，局部一层地下室为钢筋混凝土柱下独立基础＋梁板式筏基。主体结构采用钢筋混凝土框架结构，主次梁采用钢结构，屋面除部分小跨度采用钢筋混凝土楼板外，其余均采用钢结构。

建筑抗震设防烈度按 8 度设计，设计使用年限为 50 年。展馆配套设施按国际惯例设计，经过 PDS 综合布线，强电、弱电、信息、通信、给水、排水、压缩空气等经地下管沟到达各个展位，设施完备，服务周到，足以满足各种类型展览会的需要。

为了更深入地了解银川会展中心，推荐与此相关的论文，分别从不同的方面来展示建设过程中所遇到的问题供参考。

1. 罗尧治，曹立岭，沈雁彬，等．大跨交叉网架拱结构的稳定性分析［J］．建筑结构，2001（2）：30‐31.

该论文主要介绍了螺栓球钢管拱结构的应用，并采用有限元非线性分析理论对大跨度交叉网架拱结构稳定性进行全过程跟踪分析，讨论了交叉网架拱在横向与竖向荷载不同比例作用下的稳定性能。

2. 杨旭晨，唐伟，冯自强．宁夏国际会展中心结构设计［J］．建筑结构，2013（18）：14‐19.

该论文主要采用 PMSAP 及 MIDAS/Gen 软件进行计算分析，得到钢‐混凝土混合结构由于温差而产生的变形和内力分布规律，由此在设计中合理选择结构构件的刚度、采取相应的构造和施工措施、控制后浇带封闭的时间、释放屋盖支座由温差产生的水平力，达到了设计预期效果。本文还对屋面钢桁架结构分别进行整体模型和单独钢结构模型计算，对比地震作用效应计算的差别。

3. 方敏勇．宁夏国际会展中心屋盖钢结构设计［J］．第七届全国现代结构工程学术研讨会，2008.

本文主要介绍了宁夏会展中心屋盖钢结构的施工图设计全过程，并详细阐述了本工程进行结构整体计算的重要性，便于对此工程有了更深层次的了解。

第三章 钢结构的连接

第一节 钢结构的连接方法

⚲ 一、问题引入

小时候都玩过搭积木，一座座的玩具小房子是由积木通过相互搭接建立起来的。为了弄清楚在实际生活中，工程师如何把钢材连接起来，进而建成一座座可以居住的房子，请思考以下问题：

钢结构是由钢板、型钢通过必要的连接组成基本构件，进而形成结构体系。那么，钢结构有哪些常用的连接方法？各自都有什么特点？

🖹 二、课堂内容

✱ 钢结构是由钢板、型钢通过必要的连接组成基本构件，再通过一定的安装连结装配成空间整体结构。连接的构造和计算是钢结构设计的重要组成部分。

● 在全球范围内，特别是发达国家和地区，钢结构在建筑工程领域中得到合理、广泛的应用。钢结构的连接方法可分为焊缝连接、铆钉连接、螺栓连接。其中焊缝连接和螺栓连接是现代钢结构最常用的连接方式。

钢结构的连接方法

① 焊缝连接

● 钢结构常用的焊接方法有：
（1）手工电弧焊（最常用）；
（2）埋弧焊（适于厚板的焊接，具有很高的生产率）；
（3）气体保护焊（焊缝强度比手工电弧焊高，塑性和抗腐蚀性好，适用于全位置的焊接）；
（4）电阻焊（只适用于板的厚度不大于12mm的焊接）。

电弧焊是目前钢结构连接中使用最多的连接方式

焊缝连接的优点：
不削弱构件截面，构造简单，节约钢材，加工方便，可采用自动化操作，生产效率高。刚度较大，密封性能好。

● 通电后，在涂有药皮的焊条和焊件间产生电弧。提供热源，使焊条中的焊丝熔化，滴落在焊件上被电弧所吹成的小凹槽熔池中。由电焊条药皮形成的熔渣和气体覆盖着熔池，防止空气中的氧、氮等气体与熔化的液体金属接触。焊缝金属冷却后把被连接件连成一体。

构造简单

不增加其他的材料

加工方便　　节约钢材

● 钢结构的构件是由型钢、钢板等通过连接构成的，各构件再通过安装连接架构成整个结构。因此，连接在钢结构中处于重要的枢纽地位。在进行连接的设计时，必须遵循安全可靠、传力明确、构造简单、制造方便和节约钢材的原则。

采用自动化操作，生产效率高、刚度较大、密封性能好

● 埋弧焊是电弧在焊剂层下燃烧的电弧焊方法。适用于厚板的焊接，生产率高。焊接时工艺条件稳定，焊缝化学成分均匀，焊缝质量好，焊件变形小。但埋弧焊对焊件边缘的装配精度（如间隙）要求比手工焊高。

焊缝连接的缺点：
◆ 焊缝附近存在热影响区，快速降温，使钢材脆性加大
◆ 存在焊接残余应力及残余变形
◆ 焊接结构低温冷脆问题也比较突出

● 在焊接热循环作用下，焊缝两侧处于固态的母材发生明显的组织和性能变化的区域，称为焊接热影响区。钢结构焊接热影响区存在硬化、脆化、韧化、软化现象。焊接热影响区的脆化常常是引起焊接接头开裂和脆性破坏的主要原因。

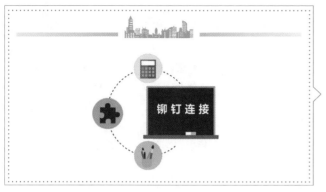

● 19 世纪 20～30 年代出现铆钉连接，铆钉连接的制造有热铆和冷铆两种方法。热铆是由烧红的钉坯插入构件的钉孔中，用铆钉枪或压铆机铆合而成。冷铆是在常温下铆合而成。

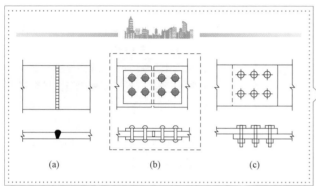

(a)　　　　(b)　　　　(c)

● 铆钉通过热铆打好后，钉杆由高温逐渐冷却而发生收缩，但被钉头之间的钢板阻止住，所以钉杆中产生了收缩拉应力，对钢板则产生压缩系紧力。这种系紧力使连接十分紧密。当构件受剪力作用时，钢板接触面上产生很大的摩擦力，因而能大大提高连接的工作性能。

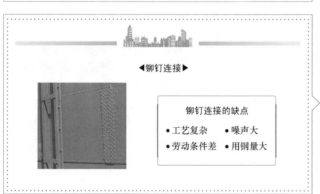

◀铆钉连接▶

铆钉连接的缺点
● 工艺复杂　● 噪声大
● 劳动条件差　● 用钢量大

● 铆钉连接的塑性和韧性较好，传力可靠，质量易于检查和保证，可用于承受动载的重型结构。但是铆钉连接由于构造复杂，费钢费工，现已很少采用。

● 螺栓连接分普通螺栓连接和高强度螺栓连接两种。螺栓连接是一种广泛使用的可拆卸的连接方式，具有结构简单、连接可靠、装拆方便等优点。

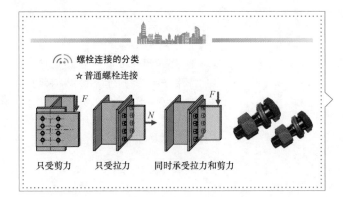

- 普通螺栓分为 A、B、C 三级。A 级与 B 级为精制螺栓，C 级为粗制螺栓。螺栓连接优点很多，但是在交变荷载下易松动。

C级螺栓：

- 用圆钢制成，杆身粗糙，尺寸不很准确
- 主要用于受拉连接和安装螺栓

- C 级螺栓材料性能等级为 4.6 级或 4.8 级。螺栓孔的直径比螺栓杆的直径大 1.5～3mm。螺杆与栓孔之间有较大间隙，剪切滑移以及连接变形较大。但安装方便，且能有效地传递拉力，故一般可用于沿螺栓杆轴受拉的连接中，以及次要结构抗剪连接或临时安装固定。

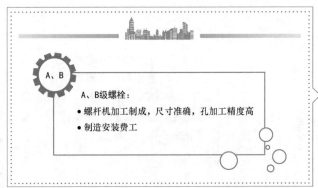

A、B级螺栓：

- 螺杆机加工制成，尺寸准确，孔加工精度高
- 制造安装费工

- A 级和 B 级螺栓材料性能等级为 5.6 级和 8.8 级。表面光滑，尺寸准确，螺杆直径与螺栓孔径相同，但对成孔质量要求高。由于有较高的精度，因而受剪性能好。但制作和安装复杂，价格较高，已很少在钢结构中采用。

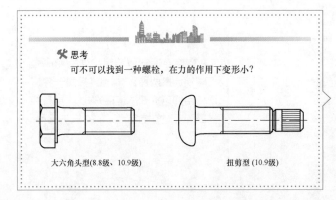

思考

可不可以找到一种螺栓，在力的作用下变形小？

大六角头型(8.8级、10.9级)　　　扭剪型 (10.9级)

- 高强度螺栓分大六角头型和扭剪型两种。外力通过摩擦力来传递的连接称为高强度螺栓摩擦型连接；依靠螺栓杆和螺栓孔之间的承压来传力的连接称为高强度螺栓承压型连接。请同学们查阅文献，关注"负泊松比"。

● 而高强度螺栓摩擦型连接的优点是施工方便，对构件的削弱较小，能更好地承受动力荷载，耐疲劳，韧性和塑性好，包含了普通螺栓和铆钉连接的各自优点，目前已成为代替铆接的优良连接形式。

● 螺栓连接的优点是：安装方便，便于拆卸。螺栓连接的缺点是：

（1）需要在板件上开孔和拼装时对孔，制造工作量大；

（2）螺栓孔还使构件截面削弱；

（3）被连接的板件需要相互搭接或另加拼接板，比焊接多费钢材。焊接连接、螺栓连接的选择应根据实际情况具体决定。

三、 钢结构赏析

深圳大运中心

深圳大运中心是第 26 届世界大学生夏季运动会的主场馆区，位于深圳市区东北部，龙岗中心城西区。如图 3-1 所示为深圳大运中心，包括一场两馆，分别是主体育场、主体育馆、

图 3-1　深圳大运中心

游泳馆、大运湖以及全民健身广场、体育综合服务区等体育设施，总占地面积 52.05 万 m²，总建筑面积 29 万 m²，可容纳观众 6 万人。大运中心设计新颖，造型独特，三座场馆犹如三颗巨型的水晶石镶嵌在湖面上，建成后，将成为国际一流的体育场馆，成为深圳市全新的地标性建筑。体育场为达到"水晶石"的建筑造型，屋盖钢结构采用国内首创的单层空间折面网格结构，该结构是国际上最新颖的一种结构形式，受力体系复杂，首次在国内大型体育建筑当中采用，其加工及安装难度不亚于奥运"鸟巢"。

◎ 世界贸易中心

世界贸易中心（World Trade Center，1973—2001），位于纽约曼哈顿岛西南端，西临哈德逊河，为美国纽约的地标之一。如图 3-2 所示，世界贸易中心由两座并立的塔式摩天楼、4 幢 7 层办公楼和 1 幢 22 层的旅馆组成，建于 1962—1976。世界贸易中心曾为世界上最高的双塔，纽约市的标志性建筑，也曾是世界上最高的建筑物之一。整个世贸中心是当时世界上最大的商业建筑群，是美国金融、贸易中心之一。2001 年 9 月 11 日，在震惊世界的"9·11"事件中，世界贸易中心两座主楼在恐怖袭击中相继崩塌，2753 人随之而去，这是有史以来最惨烈的恐怖袭击事故。

图 3-2　世界贸易中心

🗒 四、随堂测验

1. 在钢结构连接中，常取焊条型号与焊件强度相适应，对 Q345 钢构件，焊条宜采用（　　）。

A. E43 型　　　　　　B. E50 型　　　　　　C. E55 型　　　　　　D. A、B、C 均可

2. 焊缝按施焊位置分，有俯焊（平焊）、立焊、横焊和仰焊四种，其中（　　）施焊操作条件最差，焊缝质量最不易保证。

A. 俯焊（平焊）　　B. 立焊　　　　　　C. 横焊　　　　　　D. 仰焊

3. 一级焊缝超声波和射线探伤的比例为（　　）。

A. 25%　　　　　　　B. 50%　　　　　　　C. 75%　　　　　　　D. 100%

4. 世界贸易中心最吸引人的是位于顶楼的"世界之顶（Top of World）"，在 2 号楼的

107 层，设有观景台，可搭乘快速电梯在 58s 内到达，世贸中心高约 415m。目前，中国台北 101 大楼的电梯平均速度超过了 16m/s，那世贸大厦电梯的平均速度达到（　　）。

A. 15m/s　　　　　　　　B. 7.15m/s　　　　　　　　C. 9m/s　　　　　　　　D. 3m/s

五、 知识要点

钢结构的连接方法	
1. 连接方法：焊缝连接、铆钉连接、螺栓连接	2. 钢结构中常用的焊接方法
3. 焊缝连接形式及焊缝类型	4. 焊缝缺陷、质量检验和焊缝级别
5. 焊缝符号及标注方法	

六、 讨论

钢结构常用的连接方法有几种？各自的特点是什么？

七、 工程案例教学

◈ 沈阳文化艺术中心

沈阳文化艺术中心总建筑面积约 8.5 万 m²，建筑总高度 60.173m，外形酷似一颗钻石。主体建筑地下一层、地上七层。以品字形布局，主要由 1800 座的综合剧场、1200 座的音乐厅和 500 座的多功能厅三部分组成。建筑外观如图 3 - 3 所示。

为什么设计成"钻石"？设计师设计时考虑的元素很多，但最核心的是将其建成未来沈阳最具亮点的建筑，"钻石"64 个切面，无观赏死角。将浑河比作皇袍上的玉带，沈阳文化艺术中心宛若玉带上镶嵌的宝石。其蕴含的时代精神和文化意义可以表述如下：一朝发祥地，两代帝王城；玉带环古都，宝石耀新景。

沈阳文化艺术中心主要是三部分组成：钻石外观、基座、钻石心。屋盖结构——砖石壳，基座结构——钻石托，内部结构——钻石心。沈阳文化艺术中心外形为"钻石"，拥有上万吨重的钢骨架、3 万 m² 的钻石外立面。目前，万吨骨架已经建成，共耗费 36 组预埋钢件、26 个铸钢节点、89 根钢结构主构件和 576 根次构件。其中，最重铸钢节点达 103t，属特殊超大超重节点，在国内建筑钢结构工程应用中极为罕见。沈阳文化艺术中心重型节点如图 3 - 4 所示。

图 3 - 3　沈阳文化艺术中心　　　　　　图 3 - 4　沈阳文化艺术中心重型节点

而在表面，"钻石"更需完成3万余 m² 玻璃幕墙的整体安装。建成后，整个建筑的外面好似一颗巨钻，共有64个切割面。每个面由400块三角形玻璃板组合，共需25 600块玻璃。其中最大的玻璃面积达1231m²，有的玻璃重达上千斤。据介绍，中心"钻石"选用的是四层双中空玻璃，以此增加"钻石"的闪亮度，使"巨钻"看起来更通透美观。

为了更深入地了解沈阳文化艺术中心，推荐与此相关的论文供参考。

1. 孙猛，王佳斯，鲁博，等．沈阳文化艺术中心钢结构铸钢节点安装技术［C］// 钢结构住宅和钢结构公共建筑新技术与应用论文集，2013.

该论文简要介绍了沈阳文化艺术中心钢结构工程概况及难点，着重介绍本工程大型铸钢节点高空安装及定位新技术。

2. 李翠光，朱克进，王栋，等．沈阳文化艺术中心钢结构工程［C］// 工程焊接2013年第4期，2013.

该论文主要介绍了沈阳文化艺术中心钢结构屋盖的结构特点、钢结构安装施工方案、临时支撑的卸载方案，特别是对临时支撑的设置、超长超重杆件及大型铸钢件的安装等关键技术作了详细阐述。同时采用有限元软件对结构的施工和卸载全过程进行模拟分析。

3. 吴文平，孙夏峰，丁剑强，等．沈阳文化艺术中心钢结构屋盖施工技术［J］．施工技术，2014，43（2）：1-3.

本文主要通过对沈阳文化艺术中心铸钢节点安装的全过程跟踪分析，发现铸钢节点作为新型节点形式，以其极大的刚度及均匀的受力状态，很好地弥补了钢管相贯节点带来的应力集中、焊缝尺寸过大等问题，逐渐在大型钢结构工程中取代钢管相贯节点。

第二节　对接连接焊缝的构造与计算

一、问题引入

一名优秀的结构工程师需要有过硬的计算能力，为了未来有能力独自设计建造一座属于自己的房子，今天，请学习非常基本的对接焊缝连接的设计吧，请思考以下问题：

对接焊缝在手工焊时，什么情况下可以不进行强度计算呢？

二、课堂内容

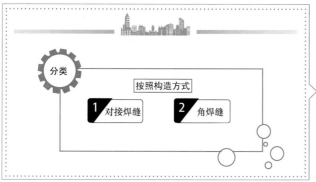

焊缝按其构造来分，主要有对接焊缝和角焊缝两种类型。对接焊缝是在焊件的坡口面间或一焊件的坡口面与另一焊件端（表）面间焊接的焊缝。在相互搭接或 T 形连接焊件的边缘焊成的焊缝称为角焊缝，焊件施焊的边缘不必开坡口，焊缝金属直接填充在由被连接板件形成的直角或斜角区域内。

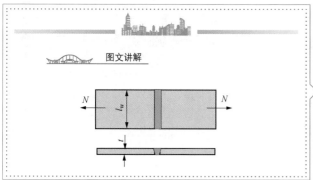

对接直焊缝承受轴心力 N（拉或压）作用时，其强度计算式为 $\sigma = \dfrac{N}{l_w t} \leq f_t^w$ 或 $\sigma = \dfrac{N}{l_w t} \leq f_c^w$。

式中，N 为按荷载设计值得出的轴心拉力和压力；l_w 为焊缝的计算长度；t 为焊缝的计算厚度；f_t^w、f_c^w 为焊缝的抗拉、抗压强度设计值。

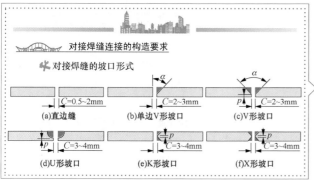

对接焊缝的焊件常做坡口，坡口形式与板厚和施工条件有关。可防止应力突变，减小应力集中。对接焊缝常被视为母材的组成部分，采用材料力学的公式进行强度校核。校核方法与钢材的强度校核方法类似。

对接焊缝连接传力直接、平顺、没有显著的应力集中现象，受力性能良好。对接焊缝对质量要求高，焊件间施焊间隙要求严，一般多用于工厂制作的连接中。

焊缝的强度设计值(N/mm²)

焊接方法和焊条型号	构件钢材		对接焊缝				角焊缝
	钢号	厚度或直径(mm)	抗压强度	焊缝质量为下列等级时，抗拉强度		抗剪强度	抗拉、抗压和抗剪强度
				一、二级	三级		
自动焊、半自动焊、E43型焊条手工焊	Q235	≤16	215	215	185	125	160
		>16,≤40	205	205	175	120	
		>40,≤100	200	200	170	115	
自动焊、半自动焊和E50、E55型焊条手工焊	Q345	≤16	305	305	260	175	200
		>16,≤40	295	295	250	170	
		>40,≤63	290	290	245	165	
		>63,≤80	280	280	240	160	
		>80,≤100	270	270	239	155	

● 对同一种钢材，钢材厚度越大，焊缝强度设计值越低；焊缝受压时强度与母材相等；一、二级焊缝的抗拉强度与母材相等，三级焊缝抗拉强度比母材小。

● 若焊缝的承载力低于母材，则钢材的强度没有得到充分利用。由于三级焊缝本身抗拉强度低于母材，对接直焊缝承载力仍不能和母材等强，因此，应考虑通过合理的方式加大焊缝长度，例如采用斜向对接焊缝。当找到合适的角度后，即可使钢材的性能发挥到最大。

 图文解析

 将多余的引弧板切除，此时焊缝的计算长度和钢板宽度相等。

● 一般在焊缝的起弧端和终点灭弧端分别存在弧坑和未熔透等缺陷，这些缺陷统称为焊口。焊口处常形成裂纹和应力集中。为消除焊口影响，焊接时可将焊缝的起弧点和灭弧点延伸至引弧板上，焊后将引弧板切除。

 对接焊缝承受剪力和弯矩

$$\sigma = M/W_w \leqslant f_t^w$$

$$\tau = \frac{VS_w}{I_w t} \leqslant f_v^w$$

● 对接焊缝承受弯矩 M 和剪力 V 作用时其焊缝强度的验算公式。W_w 为对接焊缝截面抵抗矩；I_w 为对接焊缝截面对其中和轴的惯性矩；S_w 为所求应力点以上（或以下）焊缝截面对中和轴的面积矩；f_v^w 为对接焊缝的抗剪强度设计值。

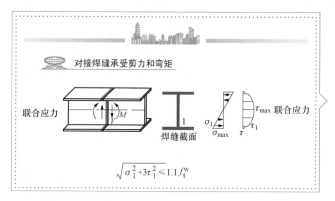

对接焊缝承受剪力和弯矩

联合应力

焊缝截面

$\sqrt{\sigma_1^2 + 3\tau_1^2} \leqslant 1.1 f_t^w$

- 对于承受弯矩和剪力的对接焊缝，在正应力和剪应力都较大处，如 H 形钢翼缘和腹板的交汇点，应验算折算应力，验算式 $\sqrt{\sigma_1^2 + 3\tau_1^2} \leqslant 1.1 f_t^w$ 中的系数 1.1 是考虑到最大折算应力仅在局部产生，而将强度设计值提高 10％。

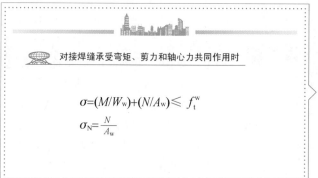

对接焊缝承受弯矩、剪力和轴心力共同作用时

$\sigma = (M/W_w) + (N/A_w) \leqslant f_t^w$

$\sigma_N = \dfrac{N}{A_w}$

- 对接焊缝承受弯矩、剪力和轴心力共同作用时，根据具体需求，强度验算式包括：

$$\sigma = \frac{M}{W_w} + \frac{N}{A_w} \leqslant f_t^w$$

$$\sqrt{\sigma_N^2 + 3\tau_{max}^2} \leqslant 1.1 f_t^w$$

$$\sqrt{(\sigma_1 + \sigma_N)^2 + 3\tau_1^2} \leqslant 1.1 f_t^w$$

三、 钢结构赏析

哈利法塔

哈利法塔，如图 3-5 所示，原名迪拜塔，又称迪拜大厦或比斯迪拜塔，是世界第一高楼

图 3-5　哈利法塔

与人工构造物。哈利法塔高 828m，楼层总数 162 层，造价 15 亿美元，大厦本身的修建耗资至少 10 亿美元，还不包括其内部大型购物中心、湖泊和稍矮的塔楼群的修筑费用。哈利法塔总共使用 33 万 m^3 混凝土、6.2 万 t 强化钢筋，14.2 万 m^2 玻璃。为了修建哈利法塔，共调用了大约 4000 名工人和 100 台起重机，把混凝土垂直泵上逾 606m 的地方，打破上海环球金融中心大厦建造时的 492m 纪录。大厦内设有 56 部升降机，速度最高达 17.4m/s，另外还有双层的观光升降机，每次最多可载 42 人。

阿拉伯塔酒店（帆船酒店）

阿拉伯塔酒店（De La Tour Hotel Arabia）如图 3-6 所示，位于阿联酋迪拜海湾，以金碧辉煌、奢华无比著称，因外形酷似船帆，又称迪拜帆船酒店。酒店建在离沙滩岸边 280m 远的波斯湾内的人工岛上，仅由一条弯曲的道路连接陆地，共有 56 层，321m 高，酒店的顶部设有一个由建筑的边缘伸出的悬臂梁结构的停机坪。帆船酒店最初的创意是由阿联酋国防部长、迪拜王储阿勒马克图姆提出的。经过全世界上百名设计师的奇思妙想，加上迪拜人巨大的钱口袋和 5 年的时间，终于缔造出一

图 3-6　阿拉伯塔酒店

个梦幻般的建筑——将浓烈的伊斯兰风格和极尽奢华的装饰与高科技的工艺、建材完美结合，建筑本身获奖无数。当年，阿拉伯塔刚开业的时候，一位英国女记者成为首批客人之一。在这儿，她感受到了前所未有的服务质量。她回国以后，就在报纸上盛赞阿拉伯塔的豪华奢侈和优良的服务，最后说："我已经找不到什么语言来形容它了，只能用 7 星级来给它定级，以示它的与众不同。从此之后，这个免费广告就传遍了整个世界。"

四、随堂测验

1. 可不进行验算对接焊缝是（　　　）。

A. Ⅰ级焊缝

B. 当焊缝与作用力间的夹角正切值满足≤1.5 时的焊缝

C. Ⅱ级焊缝

D. A、B、C 都正确

2. 对于对接焊缝，当焊缝与作用力间的夹角正切值满足（　　　）时，该对接焊缝可不进行验算。

A. <1　　　　　　　B. ≤1.5　　　　　　　C. >2　　　　　　　D. >3

3. 在计算对接焊缝的计算长度是，当未采用引弧板时，每条焊缝取实际长度减去（　　　）倍的焊缝厚度？

A. 1　　　　　　B. 1.5　　　　　　C. 2　　　　　　D. 2.5

4. 哈利法塔里的电梯速度最高达 17.4m/s，假设电梯中间没有停下来，那从 1 楼到最高处大约需要的时间是（　　）。

A. 48s　　　　　　B. 36s　　　　　　C. 66s　　　　　　D. 74s

五、　知识要点

对接焊缝连接的构造与计算

1. 对接焊缝的构造要求　　　　　　2. 对接焊缝强度计算，注意对接焊缝计算长度的取值

六、　讨论

手工焊条型号应根据什么选择？

七、　工程案例教学

西藏会展中心

西藏会展中心如图 3-7 所示，是西藏自治区首座综合性国际会展中心，中心位于拉萨市东郊江苏大道的拉萨河畔，地处东城商务区中心地带，是西藏自治区首座综合性国际会展中心，也是拉萨市东城核心商务区的主体工程，地面高程约 3658m，由会展中心 1 号馆兼会议中心、2 号馆及配套车库等附属设施组成，建筑高度 1 号馆为 28.4m，2 号馆为 29.3m。钢结构总安装量约 9200t，钢材材质为 Q345C，屋盖钢结构总安装量约为 4200t。

图 3-7　西藏会展中心

西藏会展中心总建筑面积达 35 880m²，室外展场面积 67 000m²，包括 2 个展馆、1 个室外展场及人工湖和音乐喷泉。会展中心 1 号馆是会展兼会议中心的功能主体，设计中以 4080m² 的 1 号综合展厅和 1250m² 的 2 号综合展厅为核心，以一条 7m 宽的走廊围绕，外侧依次排列 4 个中会议厅、14 个小会议厅。

1号馆主入口的北侧建设了1600m² 的入口大厅，公共空间庞大，同时也为多种功能活动提供了场所。2号馆是展览中心的主体建筑，两个核心展厅并排布置，每个展厅约4650m²，两个展厅可分可合，便于灵活使用。展厅的主入口在南侧，入口设计了两厅合用的1800m²的前厅，可满足不同活动的需要。

人工湖有4.2万 m²，比两个主展馆的总面积还大，使广场空间得到扩展。作为拉萨市的独特地标性建筑，西藏会展中心为西藏提供了现代流通业平台，提供了展览、会议、经贸、招商引资等服务，成为拉萨市的城市名片。

为了对西藏会展中心有更深入的了解，推荐与此相关的论文供参考。

1. 韩向科，刘明路，孙从永，等. 西藏会展中心钢结构屋盖安装关键技术［J］. 建筑技术，2015，46（7）：582 - 585.

该论文主要针对西藏会展中心钢结构屋盖安装，提出了屋盖外围部分采用组合单元吊装，屋盖内部部分采用整体提升技术。对安装过程中的关键难点进行了详细分析，确保了施工过程的安全和质量。

2. 刘明路，韩向科，孙从永，等. 西藏会展中心钢结构屋盖施工过程的仿真分析［J］. 工业建筑，2014，44（7）：124 - 127.

该论文主要通过非线性施工过程分析验证该施工技术的可行性，对屋盖桁架进行同步和不同步提升状态结构分析、提升支架受力分析，为结构的安全施工提供理论依据。

3. 韩向科，刘明路，孙从永，等. 西藏会展中心管桁架钢结构屋盖施工技术［J］. 施工技术，2014，43（20）：29 - 32.

由于屋盖空间形状复杂，高度、跨度大及杆件数量较多，采用常规的安装方法都不理想。通过比选，提出了屋盖外围部分采用组合单元吊装，屋盖内部部分采用整体提升技术。

第三节　角焊缝的构造和受力分析

一、问题引入

焊接总共有两种，一种是在上一节所见过的对接焊缝，另一种就是这节所要了解的对象。请思考以下问题：

1. 角焊缝的尺寸都有哪些要求？为什么？
2. 在计算正面角焊缝时，什么情况下需要考虑强度设计值增大系数？为什么？

二、 课堂内容

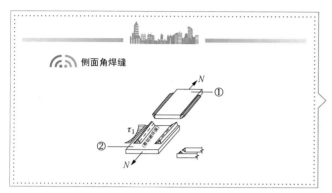

● 角焊缝按其长度方向和外力作用方向的不同， 可分为平行于力作用方向的侧面角焊缝、 垂直于力作用方向的正面角焊缝 （又称端焊缝）、 与力作用方向斜交的斜向角焊缝。

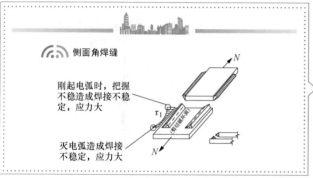

● 侧面角焊缝主要承受剪力作用。 应力沿焊缝长度方向分布不均匀， 两端大中间小。 但由于侧面角焊缝的塑性较好， 两端出现塑性变形后， 将产生应力重分布， 在 《钢结构设计标准》 （GB 50017—2017） 规定的长度范围内， 破坏前应力分布可认为达到均匀。

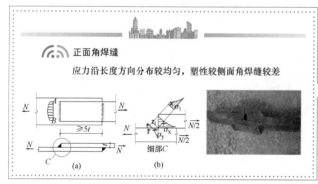

● 正面角焊缝的应力状态比侧面角焊缝复杂， 其破坏强度比侧面角焊缝的要高， 但塑性变形要差一些。 在外力作用下， 由于传力线弯折， 会产生较大的应力集中， 其焊缝根部应力集中最严重， 故破坏时总是首先在焊缝根部出现裂纹， 然后扩展到整个截面。

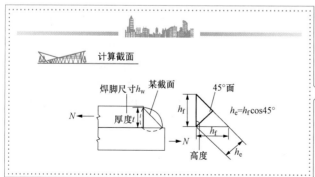

● 角焊缝受力， 取最小截面 （45°面） 作为计算截面 （也称有效截面）。 角焊缝有效厚度 $h_e \approx 0.7h_f$， h_f 为焊脚尺寸。

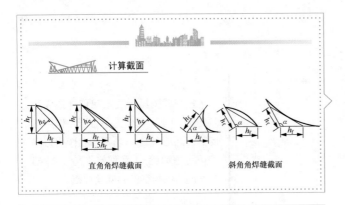

计算截面

直角角焊缝截面　　　　　斜角角焊缝截面

● 角焊缝两焊脚边的夹角 α 为直角时称为直角角焊缝，夹角 α 不是直角时称为斜角角焊缝，直角角焊缝截面形式又分为普通式、平坡式和深熔式。普通式截面近似于等腰直角三角形，虽然施工方便，但其传力线弯折较剧烈，故应力集中严重。

焊脚尺寸

h_f 过小，热量小，快速被周围金属吸收，冷却过快而产生淬硬组织，使金属变脆，容易形成裂纹。

加热锻造　　　　　淬火

● 角焊缝的最小焊脚尺寸 $h_{f,min}$ 应满足 $h_{f,min} \geq 1.5\sqrt{t_{max}}$，$t_{max}$ 为较厚焊件厚度（当采用低氢型碱性焊条施焊时，t 可采用较薄焊件的厚度），对埋弧自动焊因热量集中，熔深较大，$h_{f,min}$ 可减小 1mm；T 形连接的单面焊缝的性能较差，$h_{f,min}$ 可增加 1mm；当 $t_{max} \leq 4mm$ 时，取 $h_{f,min} = t_{max}$。

焊脚尺寸

h_f 过大，易使焊件过烧，改变金相组织，且易烧穿较薄焊件。

所以，h_f 不能过大或过小

● 角焊缝的最大焊脚尺寸 $h_{f,max}$ 应符合 $h_{f,max} \leq 1.2t_{min}$ 的要求，t_{min} 为较薄焊件的厚度。对焊件边缘的角焊缝，为防止施焊时产生"咬边"，$h_{f,max}$ 还应符合下列要求：当 $t > 6mm$ 时，$h_{f,max} \leq t - (1 \sim 2)mm$；当 $t \leq 6mm$ 时，$h_{f,max} \leq t$。

焊脚尺寸

角焊缝的计算长度：
$l_w = l - 2h_f$

● 请注意，如果起弧和灭弧均使用了引弧板，则起弧和灭弧时的焊接缺陷已经发生在被切割掉的引弧板上，此时焊缝的计算长度 l_w 等于焊缝的实际长度 l。

 焊缝长度*l*

● *l* 过小:
- 易使焊件局部受热严重
- 焊缝起灭弧的弧坑相距太近，起灭弧区段占比例高
- 其他缺陷

◢ 使焊缝不够可靠 ◣

● 角焊缝的计算长度不宜小于 $8h_f$ 和 40mm，即 $l_w \geq 8h_f$ 和 40mm。

焊缝长度*l*

● 过大:
- 对正面角焊缝的影响不大
- 侧面角焊缝沿长度方向的剪应力分布很不均匀，焊缝两端已达破坏应力，而中部应力还较小

◢ 使焊缝不够可靠 ◣

● 侧面角焊缝长度过大时，因更为严重的应力分布不均匀现象，焊缝两端因受力过大出现裂缝，而此时焊缝中部还未充分发挥其承载力，在动力荷载作用下这种应力集中现象更为不利。因此，侧面角焊缝的计算长度不宜大于 $60h_f$（承受静载或间接承受动载时）或 $40h_f$（直接承受动力荷载时）。

◢ 角焊缝的计算方法 ◣

使用材料力学理论计算

由实验得，角焊缝的应力分布复杂

对接焊缝

角焊缝

● 角焊缝的强度与熔深有关。埋弧自动焊熔深较大，若在确定焊缝有效厚度时考虑熔深对焊缝强度的影响，可带来较大的经济效益。如美国、苏联等均予以考虑。我国规范不分手工焊和埋弧焊，均统一取有效厚度 $h_e \approx 0.7h_f$，对自动焊来说，是偏于保守的。

 计算方法

正面角焊缝强度比侧面角焊缝强度高约1/3

● 当直接承受动力荷载时，鉴于正面角焊缝的刚度较大，变形能力差，设计计算时不考虑其强度较高的特点。

与对接焊缝不同，角焊缝采用能够反映自身受力特征的特有的强度校核公式。

三、 钢结构赏析

芝加哥西尔斯大厦

西尔斯大厦（Willis Tower），又译为韦莱集团大厦，如图 3-8 所示，是位于美国伊利诺伊州芝加哥的一幢摩天大楼，曾是北美第一高楼，2013 年 11 月 12 日被世贸中心一号楼打破纪录。落成时名为西尔斯大厦，2009 年，总部在伦敦的保险经纪公司——韦莱集团，同意租用该大楼的很大比例作为办公楼，同时作为取得合同的一部分条件而取得了该建筑物的命名权。2009 年 7 月 16 日 10：00，该建筑物官方命名正式改为韦莱集团大厦。西尔斯大厦有 110 层，一度是世界上最高的办公楼。每天约有 1.65 万人到这里上班。在第 103 层有一个供观光者俯瞰全市用的观望台。它距地面 412m，天气晴朗时可以看到美国的 4 个州。西尔斯大厦高 443m，共地上 108 层，地下 3 层。大厦在 1974 年落成，超越纽约的世界贸易中心，成为当时世界上最高的大楼，是当今世界最高建筑物之一。总建筑面积 418 000m²。底部平面 68.7m×68.7m，由 9 个 22.9m 见方的正方形组成。在这些正方形的范围内都不另设支柱，租用者可按需要分隔。

图 3-8 西尔斯大厦

大厦结构工程师是 1929 年出生于达卡的美籍建筑师 F. 卡恩。顶部设计风压为 2989N/m²，设计允许位移（振动时允许产生的振幅）为建筑总高度的 1/500，即 900mm，建成后最大风速时实测位移为 460mm。他为解决像西尔斯大厦这样的高层建筑的关键性抗风结构问题，提出了束筒结构体系的概念并付诸实践。整幢大厦被当作一个悬挑的束筒空间结构，离地面越远剪力越小，大厦顶部由风压引起的振动也明显减轻。

四、 随堂测验

1. 焊缝连接计算方法分为两类，它们是（　　）。

A. 手工焊缝和自动焊缝　　　　　　　　B. 仰焊缝和俯焊缝

C. 对接焊缝和角焊缝　　　　　　　　　　D. 连续焊缝和断续焊缝

2. 角钢和钢板间用侧焊缝搭接连接，当角钢肢背与肢尖焊缝的焊脚尺寸和焊缝的长度都等同时，（　　　）。

A. 角钢肢背的侧焊缝与角钢肢尖的侧焊缝受力相等

B. 角钢肢尖侧焊缝受力大于角钢肢背的侧焊缝

C. 角钢肢背的侧焊缝受力大于角钢肢尖的侧焊缝

D. 由于角钢肢背和肢尖的侧焊缝受力不相等，因而连接受有弯矩的作用

3. 某侧面角焊缝承受静力荷载，长度为 600mm，焊脚为 8mm，在起弧和灭弧均使用了引弧板的情况下，该焊缝的计算长度宜取（　　　）。

A. 600mm　　　　　　B. 480mm　　　　　　C. 486mm　　　　　　D. 496mm

4. 西尔斯大厦的束筒结构体系概念的提出和应用能大大地节约钢材，是高层建筑抗风结构设计的一大进步。西尔斯大厦总用钢量为 76000t，请问其建筑平均用钢量是（　　　）。

A. 182kg/m²　　　　　B. 350kg/m²　　　　　C. 452kg/m²　　　　　D. 123kg/m²

五、 知识要点

角焊缝的构造和受力分析	
1. 角焊缝的构造情况	2. 侧面角焊缝和正面角焊缝的受力特点
3. 角焊缝的强度计算	

六、 讨论

角焊缝中，何为端焊缝？何为侧焊缝？二者破坏截面上的应力性质有何区别？

七、 工程案例教学

重庆大剧院

重庆大剧院位于江北嘴 CBD，如图 3-9 所示，毗邻重庆科技馆，交通便利，地理位置优越。大剧院建筑呈不规则形态，最高约 64.06m，东西长约 220m，南北宽约 110m，看上去棱角分明。大剧院总建筑面积 103 307.10m²，建筑形态为地上 7 层，地下 2 层。

大剧院的外围墙将采用翡翠色调，外立面和屋面结构将采用双层换气玻璃幕墙系统，外形由 11 块棱角分明的"石块"组成，外立面局部如图 3-10 所示。当强光照射在外面一层玻璃上时，夹在两层玻璃中间的空气变热就从顶部冲出去，这样不仅可使墙体美观，而且可以有效缓解内层过热。而夜晚在灯光的照射下，"玻璃房子"则更像一块晶莹剔透的晶石。

重庆大剧院建筑呈不规则形态，观众厅是传统的马蹄形，正厅和两层楼座的观众都能看得到极优的舞台视线。内设大剧场约 1850 座，其中剧场内设置约 930 座、排练厅约 300 座。大剧院的材料采用为特大型、特级、高层建筑，抗震设防类别为乙类，设计使用年限 100 年。内部音效有很强的实际演出效果，演员们不用话筒就可以使全场的人们听到完美的音效。

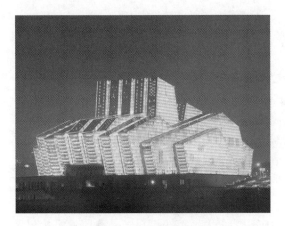

图 3-9　重庆大剧院

图 3-10　重庆大剧院外立面

重庆大剧院总投资近 16 亿元，总建筑面积约 10 万 m²。建成后档次和规模仅次于国家大剧院，在全国排名第二，是重庆市档次最高、功能最齐全的剧院，是集歌剧、戏剧、音乐会演出，文化艺术交流，多功能为一体的大型社会文化设施。项目将形成重庆城市社会文明新的象征和标志性建筑，对于塑造城市形象、提高城市文化品位与城市功能、增强城市吸引力和辐射力、丰富群众文化生活具有十分重要的作用和意义。

为了更深入地了解重庆大剧院，推荐与此相关的论文，分别从不同的方面来展示建设过程中所遇到的问题供参考。

1. 黄新良，陈勇敢，易建文. 重庆大剧院悬挑结构施工工况分析［C］// 2012 中国钢结构行业大会，2012.

本文主要以重庆大剧院大悬挑结构的施工方法和施工过程为基础，利用有限元分析软件 ANSYS 建立施工过程数值分析模型，并对安装过程及临时支撑的拆除过程进行模拟计算，为该结构的安全卸载提供了理论依据。

2. 乔伟，陆道渊. 重庆大剧院结构超长设计［J］. 建筑结构，2011（s1）：520 - 523.

本文针对重庆大剧院结构长度大大超过我国相关规范伸缩缝长度的情况，在结构设计中针对不同部位所受的温度作用差异，采用不同的设计和施工技术措施，实现了结构超长无缝设计，便于对于此工程的结构设计有了一个更好的理解。

3. 叶芳芳，余志武，袁俊杰. 重庆大剧院大悬挑结构卸载分析［J］. 建筑科学与工程学报，2009，26（3）：122 - 126.

本文系统地介绍了重庆大剧院结构设计内容，重点介绍了地基基础、结构计算、抗震设计、超长设计及大跨度悬挂结构设计和施工安装的考虑。

4. 张坚，陆道渊. 重庆大剧院结构设计［J］. 建筑结构，2007（5）：64 - 67.

本文通过施工分析得到各阶段结构的变形、应力及支座反力，验证了安装方案的可行性，也为现场安全施工提供依据，利用 SAP2000 和 MIDAS/Gen 软件分 3 步进行重点的卸载工况分析。

第四节 焊接应力与焊接变形

一、问题引入

在生活中，相信大家都看过建筑工人拿着电焊在焊接东西时的场景，火花飞溅，烟雾腾腾。焊接时的温度很高，请问钢材焊接过后性能会有哪些变化呢？请思考以下问题：

1. 焊接残余应力与残余变形的原因是什么？
2. 如何减少焊接残余应力和焊接残余变形？

二、课堂内容

焊接残余应力的分类

- 纵向焊接残余应力 → 沿焊缝长度方向
- 横向焊接残余应力 → 垂直于焊缝长度方向(宽度方向)
- 沿厚度方向的焊接残余应力

● 焊接构件未受荷载时，因施焊时在焊件上产生局部高温所形成的不均匀温度场而引起的内应力和变形，称为焊接应力和焊接变形。它会直接影响焊接结构的制造质量、正常使用，且是形成各种焊接裂纹的因素之一。焊接残余应力是焊件冷却后残留的自平衡的应力。

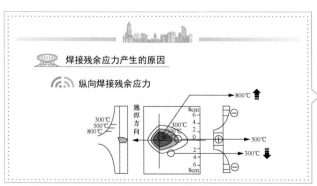

焊接残余应力产生的原因

纵向焊接残余应力

● 在施焊时，焊缝及附近高温处的钢材膨胀，由于受到两侧温度较低、膨胀较小的钢材的限制，产生了热塑性压缩变形。焊缝冷却时，被塑性压缩的焊缝区开始收缩，这种收缩变形同样受到焊缝两侧钢材的限制，并使焊缝区产生拉应力。

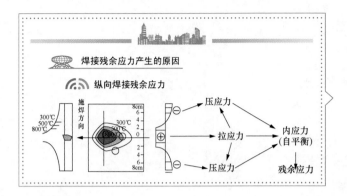

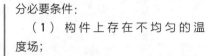
● 构件产生纵向残余应力的三个充分必要条件：

（1）构件上存在不均匀的温度场；

（2）构件进入了热塑性状态；

（3）构件的各个（假想）纵向纤维相互关联、相互约束，不能自由纵向变形。

同时满足上述三个条件时，构件将产生纵向残余应力。

焊接残余应力产生的原因

 纵向焊接残余应力

思考：

如果对钢结构性能要求很高时，要求降低它的残余应力，可以采用哪些方法？

答案：焊接前对整块钢板加热

● 减小焊接残余应力、变形的方法：

（1）合理设计焊缝：焊缝及焊脚尺寸要适当；焊缝不宜过分集中。

（2）合理安排焊接及制造工艺：合理的焊接次序；焊前加热、焊后退火或对红热状态的焊缝进行锤击；焊件下料时预加收缩余量。

焊接残余应力产生的原因

 横向焊接残余应力

① 焊缝的纵向收缩，使焊件有反向弯曲变形的趋势，导致两焊件在焊缝处中部受拉，两端受压。

② 焊接时已凝固的先焊焊缝，阻止后焊焊缝的横向膨胀，产生横向塑性压缩变形。

● 当焊缝冷却时，后焊焊缝的收缩受到已凝固焊缝的限制而产生横向拉应力，同时在先焊部分的焊缝中产生横向压应力。横向收缩引起的横向应力与施焊方向及先后次序有关。

焊接残余应力产生的原因

横向焊接残余应力

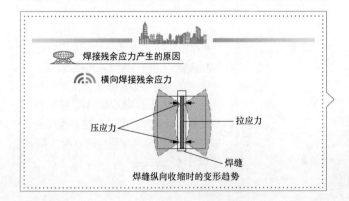

焊缝纵向收缩时的变形趋势

● 焊接残余应力的分布在厚度不大的焊件中，焊接残余应力基本上是平面应力，厚度方向的应力很小。焊接应力和变形在一定条件下会影响焊件的功能和外观，因此是设计和制造中必须考虑的问题。

焊接残余应力产生的原因

横向焊接残余应力

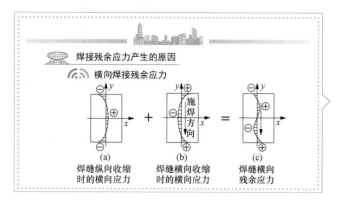

(a) 焊缝纵向收缩时的横向应力
(b) 焊缝横向收缩时的横向应力
(c) 焊缝横向残余应力

● 焊缝的横向残余应力是两种原因产生的应力的合成。

焊接残余应力产生的原因

焊接的方向不同，最终形成的残应力不同

不同施焊方向下，焊缝横向收缩时产生的横向残余应力：

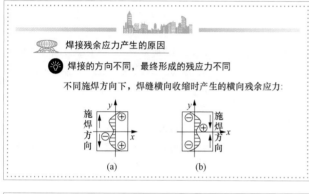

(a)　　　　(b)

● 从减小焊接变形及残余应力的角度来考虑焊接顺序：从焊接结构中心向外焊接；从厚板向薄板方向焊接；先焊收缩量大的接头（对接接头），后焊收缩量小的接头（搭接、角接接头）；先焊立焊焊缝，后焊平焊焊缝；平行焊缝尽量同时同方向焊；先焊错开的短焊缝，后焊直线长焊缝。

焊接残余应力产生的原因

沿厚度方向的焊接残余应力

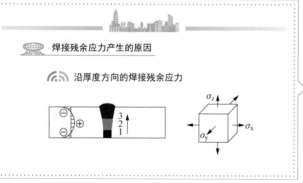

● 在厚钢板的焊接连接中，焊缝需要多层施焊。因此，除有纵向和横向焊接应力 σ_x、σ_y 外，还存在着沿钢板厚度方向的焊接应力 σ_z。在最后冷却的焊缝中部，这三种应力形成同号三向拉应力，使焊缝变脆。

焊接残余应力产生的原因

沿厚度方向的焊接残余应力

● 在厚钢板的焊接连接中，焊缝需要多层施焊，焊接时沿厚度方向已凝固的先焊焊缝，阻止后焊焊缝的膨胀，产生塑性压缩变形。
● 焊缝冷却时，后焊焊缝的收缩受先焊焊缝的限制而产生拉应力，而先焊焊缝产生压应力，因应力自相平衡，更远处焊缝则产生拉应力。
● 除了横向和纵向焊接残余应力 σ_x、σ_y 外，还存在沿厚度方向的焊接残余应力 σ_z，这三种应力形成同号(受拉)三向应力，大大降低连接的塑性。

● 焊接过程中的局部加热和不均匀冷却收缩，使焊件在产生残余应力的同时还将伴随产生焊接残余变形，如纵向和横向收缩、弯曲变形、角变形、波浪变形和扭曲变形等。

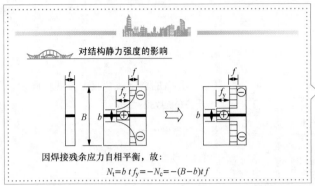

对结构静力强度的影响

因焊接残余应力自相平衡，故：

$$N_t = b\,t\,f_y = -N_c = -(B-b)\,t\,f$$

- 如图的轴心受拉构件在受荷前（$N=0$）截面上就存在纵向焊接应力，并假设其分布如图所示。在轴心力 N 作用下，截面 $b \times t$ 部分的焊接拉应力已达屈服点 f_y，应力不会再增加。拉力 N 将仅由受压的弹性区承担。

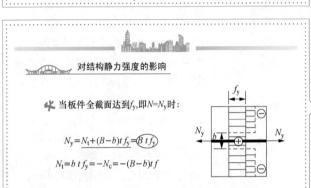

对结构静力强度的影响

当板件全截面达到 f_y，即 $N=N_y$ 时：

$$N_y = N_t + (B-b)\,t\,f_y = B\,t\,f_y$$

$$N_t = b\,t\,f_y = -N_c = -(B-b)\,t\,f$$

- 随着拉力 N 的逐渐增大，两侧受压区应力由受压逐渐变为受拉，最后达到屈服点 f_y，这时全截面应力都达到 f_y。由于残余应力自相平衡，故受残余拉应力区面积 A_t（总残余拉力）必然等于残余压应力区面积 A_c（总残余压力），即 $A_t = A_c = btf_y$。构件全截面达到屈服点 f_y 时所承受的外力 N_y 如图中第一个式子。

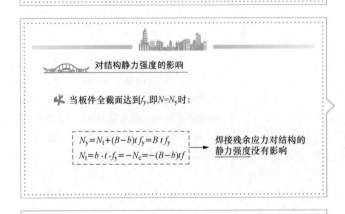

对结构静力强度的影响

当板件全截面达到 f_y，即 $N=N_y$ 时：

$$N_y = N_t + (B-b)\,t\,f_y = B\,t\,f_y$$
$$N_t = b \cdot t \cdot f_y = -N_c = -(B-b)\,t\,f$$

焊接残余应力对结构的静力强度没有影响

- Btf_y 同样是无焊接应力且无应力集中的轴心受拉构件，当全截面上的应力达到 f_y 时所承受的外力。由此可知，有焊接应力构件的承载能力和无焊接应力者完全相同，即焊接残余应力不影响结构的静力强度。

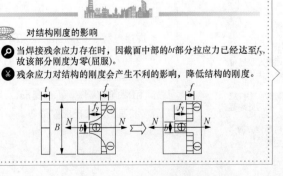

对结构刚度的影响

🔍 当焊接残余应力存在时，因截面中部的 bt 部分拉应力已经达至 f_y，故该部分刚度为零（屈服）。
⚠️ 残余应力对结构的刚度会产生不利的影响，降低结构的刚度。

- 根据钢材理想的弹塑性应力应变关系，当钢材达到屈服强度 f_y，弹性模量 E 将变为 0，相应的屈服范围的刚度同样变为 0。焊接残余应力使刚度降低了。残余应力的存在将较大的影响压杆的稳定性。

对低温冷脆的影响

对于厚板或交叉焊缝，将产生三向焊接残余拉应力，限制了其塑性的发展，增加了钢材低温断裂倾向。降低或消除焊接残余应力是改善结构低温冷脆性能的重要措施。

对疲劳强度的影响

在焊缝及其附近主体金属焊接残余拉应力通常达到钢材的屈服强度，此部位是形成和发展疲劳裂纹的敏感区域。因此焊接残余应力对结构的疲劳强度有明显的不利影响。

● 钢材的低温冷脆：当温度降到某一范围时，钢材的冲击韧性突然下降很多，断口由韧性断裂转为脆性断裂的性质。

疲劳强度：是指材料在无限多次交变载荷作用而不会产生破坏的最大应力，也称为疲劳极限。

● 焊接残余应力对结构性能的影响：

（1）静力强度：不影响；

（2）刚度：降低；

（3）构件的稳定性：降低；

（4）疲劳强度：降低；

（5）低温冷脆：变脆。

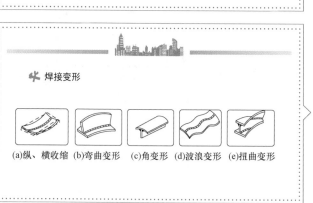

(a)纵、横收缩 (b)弯曲变形 (c)角变形 (d)波浪变形 (e)扭曲变形

● 焊接残余变形不仅影响结构的尺寸，使装配困难，影响使用质量，且过大的变形将显著降低结构的工作性能。因此，在设计和制造时必须采取适当措施来减小残余应力和残余变形的影响。如果残余变形超出验收规范的规定，必须加以矫正，使其不致影响构件的正常使用和承载安全。

三、 钢结构赏析

自由塔

世界贸易中心一号大楼（World Trade Center），如图 3-11 所示。原称为自由塔（Freedom Tower），是兴建中的美国纽约新世界贸易中心的摩天大楼，将坐落于 9·11 袭击事件中倒塌的原世界贸易中心的旧址。自由塔高度 541.3m，1776ft（541m），象征着美国的自由。地上 82 层（不含天线），地下 4 层。占地面积 241 540m^2。设计师为犹太裔波兰人设计家丹尼尔·李布斯金（Daniel Libeskind）。

图 3-11　世界贸易中心一号大楼

该建筑已在 2013 年 11 月 12 日竣工。当地时间 2014 年 11 月 3 日，在纽约著名的世贸双子塔在"9·11"恐怖袭击中被摧毁的 13 年之后，新建成的纽约世贸中心一号大楼 3 日正式重新开放。没有任何剪彩和庆祝仪式，该大楼首批租户的员工 4 日早晨进入大楼开始工作。

四、随堂测验

1. 焊接残余应力不影响构件的（　　　）。

A. 整体稳定　　　　　　　　　　　　　B. 静力强度

C. 刚度　　　　　　　　　　　　　　　D. 局部稳定

2. 产生焊接残余应力的主要因素之一是（　　　）。

A. 钢材的塑性太低　　　　　　　　　　B. 钢材的弹性模量太大

C. 焊接时热量分布不均匀　　　　　　　D. 焊缝的厚度太小

3. 产生纵向焊接残余应力的主要原因是（　　　）。

A. 冷却速度太快　　　　　　　　　　　B. 焊件各纤维能自由变形

C. 钢材弹性模量太大，使构件刚度很大　D. 施焊时焊件上出现冷塑和热塑区

4. 判断题。自由塔高度 541.3m，1776ft（541m），象征着美国的自由。有这个说法是因为美国宣布独立的年份是 1776 年。　　　　　　　　　　　　　　　　　　　（　　　）

五、知识要点

焊接应力与焊接变形	
1. 焊接残余应力的种类和产生的原因	2. 焊接残余变形
3. 焊接残余应力的影响	4. 减小焊接残余应力和残余变形的方法

六、 讨论

焊接残余应力与残余变形的成因是什么？

七、 工程案例教学

北京首都国际机场 3 号航站楼

北京首都国际机场 3 号航站楼工程如图 3 - 12 所示，是我国规模最大的国际航空港，工程总投资 250 亿元，南北总长约 3000m，东西宽 750m，总建筑面积约 100 万 m²。航站楼主体为钢筋混凝土框架结构，屋顶为曲面钢网架结构，支承屋顶悬臂结构的是锥形和梭形钢管柱。它是国家重点工程，同时也是 2008 奥运会最重要的配套工程，其规模宏大、举世瞩目。

图 3 - 12 北京首都国际机场 3 号航站楼

T3 航站楼分为 T3A、T3B 和 T3C 三部分，其中 T3B 工程主楼建筑面积约 38.7 万 m²，平面布置呈 "Y" 字形，为大面积、大跨度抽空三角锥钢网壳结构，屋面为双曲面外形，呈飞行体状。南北方向长约 958m，东西方向宽约 775m，其投影面积约为 11 万 m²，屋顶标高为 42m。

3 号航站楼南北两座建筑（T3C 和 T3E）由于距离过长，两座楼之间会建造旅客捷运系统以方便乘客。旅客捷运系统（APM）是一套无人驾驶的全自动旅客运输系统。捷运系统采用加拿大庞巴迪公司的设计方案，该系统采用轨旁和中控传递信号控制车辆的运行。行车路线单程长 2080m。分别设置在 T3C、T3D、T3E 共有 3 个车站。

3 号航站楼行李系统采用国际最先进的自动分拣和高速传输系统，行李处理系统由出港、中转、进港行李处理系统和行李空筐回送系统、早交行李存储系统组成，覆盖了 T3C、T3E 及连接 T3C 与 T3E 行李隧道的相应区域，占地面积约 12 万 m²，系统总长度约 70km。航空公司只要将行李运到分拣口，系统只需要 4.5min 就可以将这些行李传送到行李提取转盘，大大减少旅客等待提取行李的时间。

北京首都机场航站楼交通中心如图3-13所示，交通中心（GTC）位于3号航站楼前，地下有两层总面积为30万 m^2 的停车场，可停车7000辆。旅客从停车场下车后，乘坐电梯可直达候机楼内。在交通中心的地面上，是轻轨交通车站，建筑面积4.5万 m^2，椭圆形玻璃壳体结构。旅客可从城内乘坐轻轨交通直到航站楼。东直门至首都机场的轻轨线路会分岔后分别达到2号和3号航站楼，3号航站楼与原有2号航站楼之间也会建立轨道连接。第二机场高速路、机场南线高速路、机场北线高速路、机场轨道交通等场外配套工程的建设，为旅客来往首都机场提供了方便通道，北京首都机场航站楼内景如图3-14所示。

图3-13 北京首都机场航站楼交通中心

图3-14 北京首都机场航站楼内景

北京首都国际机场3号航站楼投入使用后，北京首都国际机场的第三条跑道在3号楼投入使用之际完工。北京首都国际机场成为中国第一个拥有三座航站楼，双塔台、三条跑道同时运营的机场，机场滑行道由原来的71条增加到137条，停机位由原来164个增为314个。整个T3航站楼规模巨大，建筑宏伟，施工难度大。

T3B主屋面吊顶工程施工需搭设脚手架10万 m^2，所用钢管构件约1万 t，搭设高度随屋面曲线高度变化而变化，核心区最大高度达到37.45m跨度达到21m，最大悬挑7.5m，是目前国内已知规模、高度和跨度最大的满堂红脚手架。

为了更好地了解这一工程，推荐相关论文供参考。

1. 李琼，冯贵宝，董曦. 北京首都国际机场新航站楼 T3B 工程综合施工技术 [J]. 建筑技术，2008，39（2）：86-88.

本文主要介绍了北京首都国际机场新航站楼 T3B 的工程特点，专业施工重点、难点及施工措施。对于该结构中的钢结构工程及其施工作业有着详尽的介绍。

2. 王永军，刘玉鑫，高春谊. 北京首都国际机场新航站楼 T3B 工程主幕墙系统施工 [J]. 建筑技术，2008，39（2）：138-141.

本文主要介绍了 T3B 工程主幕墙系统工程特点和难点，以及整个系统的施工过程和细部的处理。

3. 王春华，王国庆，朱忠义，等. 首都国际机场 T3 号航站楼结构设计 [J]. 建筑结构，2008（1）：16-24.

本文侧重于从结构设计角度，阐述本工程的基础设计、结构体系、屋顶网壳形式等内容，便于对于此工程的结构设计有一个更好的理解。

4. 朱忠义，柯长华，秦凯，等. 首都国际机场 T3 航站楼交通中心钢结构体系稳定分析 [J]. 建筑结构，2008（1）：30-33.

本文以首都国际机场交通运输中心（GTC）大跨箱型钢拱结构为工程背景，以单拱、组拱和整体屋盖钢拱结构为研究对象，采用非线性有限元法分析结构失稳问题。便于对于钢结构体系稳定问题加深理解。

第五节　普通螺栓的抗剪连接破坏

一、问题引入

通过前面的了解，已经对焊接连接已经很熟悉了。俗话说："技多不压身，艺多人胆大。"下面了解一些新的钢材连接方法，请思考以下问题：

螺栓在钢板和型钢上排列的容许距离有哪些规定？它们是根据哪些要求确定的？

二、课堂内容

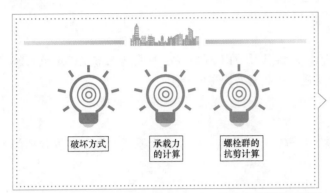

破坏方式　　承载力的计算　　螺栓群的抗剪计算

● 对于普通螺栓的抗剪，应该掌握其剪切破坏方式、单个螺栓的承载力计算，以及螺栓群的抗剪计算。

连接方法

| 焊缝连接 | 螺栓连接 | 铆钉连接 |

● 焊缝连接和螺栓连接最常见，铆钉连接已不常使用。

一些节点中，还有螺栓连接与焊接同时使用的混合连接。

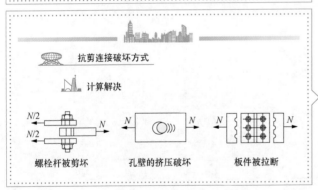

抗剪连接破坏方式

计算解决

螺栓杆被剪坏　　孔壁的挤压破坏　　板件被拉断

● （1）栓杆剪断：当螺栓直径较小而钢板相对较厚时，可能发生。

（2）孔壁挤压破坏：当螺栓直径较大而钢板相对较薄时，可能发生。

（3）钢板拉断：当钢板因螺孔削弱过多时，可能发生。

以上三种破坏均需计算解决。

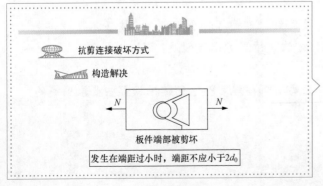

抗剪连接破坏方式

构造解决

板件端部被剪坏

发生在端距过小时，端距不应小于2d_0

● 端部钢板剪断。当受力方向的端距过小时，可能发生。可以通过构造措施解决，规定最小容许端矩2d_0，其中 d_0 为螺栓孔直径。

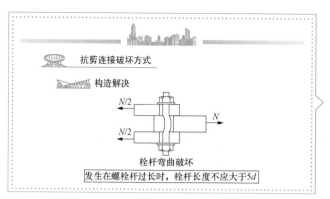

● 栓杆受弯破坏。当螺栓过于细长时，可能发生。可以通过构造措施解决，规定最大栓杆长度 $5d$，其中 d 为螺杆直径。

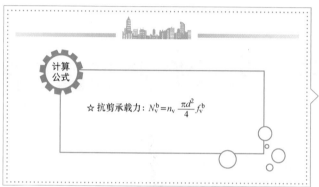

● 该公式用于计算螺杆被剪断时的承载力设计值。式中，n_v 为每个螺栓的剪切面数量；d 为螺栓直径；f_v^b 为普通螺栓的抗剪强度设计值。

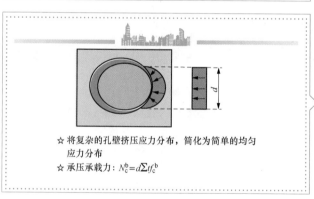

● 该公式用于计算孔壁挤压破坏时的承载力设计值。$\sum t$ 指在同一受力方向的承压钢板总厚度中的较小值。螺栓孔壁的实际承压应力分布很不均匀，为了便于计算，在实际计算中通常假定承压应力沿螺杆直径的投影面均匀分布。

● 单栓抗剪承载力取螺杆剪切、孔壁挤压的承载力设计值的较小值。当单个螺栓承受的剪切力小于该设计值，可确保不会发生螺杆和孔壁的破坏。

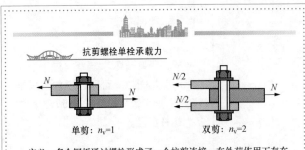

抗剪螺栓单栓承载力

单剪：$n_v=1$　　　　双剪：$n_v=2$

定义：多个钢板通过螺栓形成了一个抗剪连接，在外荷作用下存在相对错动的趋势，导致螺栓在图示界面受剪。

● 常见剪切面数有单剪、双剪、四剪，对应 $n_v=1$、2、4。螺栓的剪切面越多，单个螺栓发挥的抗剪作用越突出，但同时也容易使螺杆变的更细长，而导致栓杆受弯破坏。

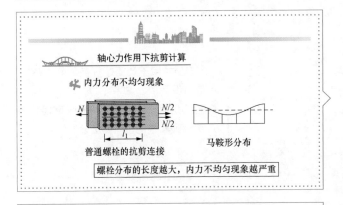

轴心力作用下抗剪计算

✿ 内力分布不均匀现象

普通螺栓的抗剪连接　　　马鞍形分布

螺栓分布的长度越大，内力不均匀现象越严重

● 螺栓群在轴力作用下承受剪切作用。各个螺栓的内力沿栓群长度方向不均匀，两端大中间小，呈马鞍形分布。

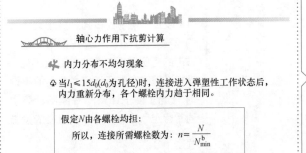

轴心力作用下抗剪计算

✿ 内力分布不均匀现象

☁ 当 $l_1 \leq 15d_0$（d_0为孔径）时，连接进入弹塑性工作状态后，内力重新分布，各个螺栓内力趋于相同。

假定 N 由各螺栓均担：

所以，连接所需螺栓数为：$n = \dfrac{N}{N_{min}^b}$

● 如采用拼接板连接，n 为接缝单侧所需的螺栓数；对于搭接连接，n 为所需的螺栓总数。同时注意 n 应为整数，并且易于螺栓群的布置。在一处连接中，拼接接头一侧或搭接接头的永久性螺栓不宜少于2个。

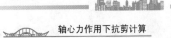

轴心力作用下抗剪计算

✿ 内力分布不均匀现象

☁ 当 $l_1 > 15d_0$（d_0为孔径）时，连接进入弹塑性工作状态后，即使内力重新分布，各个螺栓内力也难以均匀，端部螺栓首先破坏，然后依次破坏。

● 因此，按规定将螺栓的承载力设计值乘以折减系数 β 予以降低。用于考虑螺栓内力分布不均匀的影响。

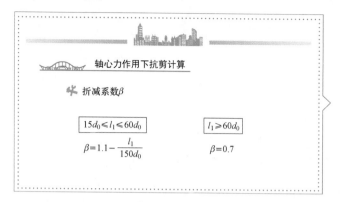

● 折减系数公式由试验数据拟合所得。

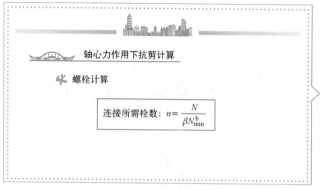

● 对于搭接或用单面拼接板拼接的对接连接，因传力偏心而使螺栓受到附加内力，螺栓数目应按计算数增加10%；单角钢单面拼接时，应增加15%。

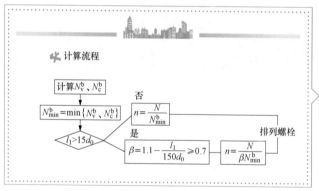

● 计算流程：
（1）抗剪螺栓单栓承载力计算；
（2）确定螺栓分布范围，判断是否需要考虑内力分布不均匀现象；
（3）计算所需螺栓数目 n；
（4）合理排列螺栓，并根据排列需要调整螺栓数目。

● 普通螺栓连接，按螺栓传力方式可分为受剪螺栓连接、受拉螺栓连接和拉剪螺栓连接三种。受剪螺栓连接是靠栓杆受剪和孔壁承压传力；受拉螺栓连接是靠螺杆受拉传力；拉剪螺栓连接则同时兼具上述两种传力方式。

三、 钢结构赏析

东京塔

东京塔（日语：东京タワー）是东京地标性建筑物，如图3-15所示。位于东京都港区芝公园，高332.6m。东京塔以巴黎埃菲尔铁塔为范本而建造，1958年10月14日竣工，此后一直为东京第一高建筑物，直至2012年2月29日东京晴空塔（634m）建成而退居第二位。

东京塔的颜色为红白相间，是因为航空交通管制规定以利辨识。近年来大众的景观要求提升，铁塔不再有颜色限制，但原有的颜色就这样保留下来。灯光照明则由世界著名照明设计师，石井干子设计主持，照明时间为日落到午夜0点之间。灯光颜色随季节变化，夏季为白色，春、秋、冬季为橙色。图3-16为东京塔夜景。东京塔时而壮丽，时而缤纷，为城市平添一份生气。

图3-15 东京塔

图3-16 东京塔夜景

东京塔除主要用于发送电视、广播等各种无线电波外、还在大地震发生时发送JR列车停止信号，兼有航标、风向风速测量、温度测量等功能。由于日本的类比电视播送于2011年7月24日终止，由数字电视取而代之，为改善收讯品质，从2013年起改由位于东京墨田区、标高634m的东京晴空塔取代东京塔承担的电视讯号发射功能。

四、 随堂测验

1. 下列破坏中，可以通过构造措施解决的是（　　　）。

A. 孔壁挤压破坏　　　　　　　　　　B. 端部钢板剪断

C. 钢板拉断　　　　　　　　　　　　D. 螺栓杆剪断

2. 排列螺栓时，若螺栓孔直径为，螺栓的最小端距应为（　　　）。

A. $1.5d$　　　　　　　　　　　　　　B. $2d$

C. $3d$　　　　　　　　　　　　　　　D. $8d$

3. 普通螺栓抗剪工作时，要求被连接构件的总厚度小于螺栓直径的5倍，是防止（　　　）。

A. 螺栓杆剪切破坏   B. 钢板被切坏

C. 板件挤压破坏   D. 栓杆弯曲破坏

4. 东京铁塔高达 333m，比当时世界上第一高塔高 13cm。东京塔建设费时一年半，而所使用的建筑材料却只有当时世界上第一高塔的一半。在东京塔诞生以前，（　　）是世界上第一高塔。

A. 加拿大多伦多的电视塔   B. 法国巴黎的埃菲尔铁塔

C. 中国上海的东方明珠塔   D. 德国柏林的电视塔

五、 知识要点

普通螺栓的抗剪连接破坏	
1. 普通螺栓的种类和特性	2. 普通螺栓抗剪连接的破坏形式
3. 抗剪螺栓单栓承载力	4. 在轴心力作用下普通螺栓群的抗剪计算

六、 讨论

普通螺栓群的单栓抗剪承载力设计值在什么条件下需要进行折减？为什么要折减？

七、 工程案例教学

魁北克大桥（铁戒）

魁北克大桥（Quebec Bridge）在材料力学、结构力学和钢结构课上多次被提到，只不过是作为一个反面典型。

魁北克大桥如图 3-17 所示。这座大桥本该是设计师特奥多罗·库珀的一个真正有价值的不朽杰作。库珀曾称他的设计"最佳、最省"，可惜没有建成。因为这一杰作存在设计问题，自重过大桥身无法承担而发生了重大事故。

图 3-17　魁北克大桥

在大桥即将竣工之际，悬臂段的主弦杆发生了明显的扭曲，这一现象没有引起工程师特奥多罗·库珀的重视。1907 年 8 月 29 日，主跨悬臂已悬拼至接近完成时，南侧一下弦杆由于缀条薄弱等原因而突然压溃，建造了四年之久的大桥在 15s 掉进了圣劳伦斯河，19000t 钢材以及当时正在桥上作业的 86 名工人落入水中，由于河水很深，工人们或是被弯曲的钢筋压死，或是落水淹死，共有 75 人罹难。由于设计师的过分自信而忽略了对桥梁重量的精确计算，导致了这场事故。

1913 年，大桥重新设计建造。然而，悲剧再次重演。1916 年 9 月，由于施工起重装置的问题，中间段桁架在安装过程中掉落到河中，破坏状况如图 3-18 所示。有 13 名工人在事故中丧生。

图 3-18　魁北克大桥中间段桁架垮塌

1917 年大桥终于建成通车，成为迄今为止悬臂最长的大桥。这座大桥原本可以成为不朽的杰作，却成为工程界的一种耻辱。

加拿大组成了皇家委员会，调查事故原因，调查发现：垮塌直接原因是弦杆 A9L 和 A9R 屈曲，主要原因简述如下：

（1）魁北克大桥坍塌是因为主桥墩锚臂附近的下弦杆设计不合理，发生失稳。

（2）杆件采用的容许应力水平太高。

（3）严重低估了自重，且未能及时修正错误。

（4）魁北克桥梁、铁路公司与凤凰桥梁公司的权责不明。

（5）魁北克大桥和铁路公司过于依赖个别有名气和有经验的桥梁工程师，导致了桥梁施工过程中基本上没有监督。

（6）凤凰桥梁公司的规划和设计，制造和架设工作都没有问题，钢材的质量也很好。不合理的设计是根本性错误。

（7）当时的工程师不了解钢压杆的专业知识，没能力设计如魁北克桥那样的大跨结构。

为了铭记这次工程灾难，加拿大七所工程学院筹资买下了垮塌的大桥残骸，大桥残骸见

图 3-19。打造成一枚枚指环，每年分发给从工程系毕业的学生，取名"工程师铁戒"（Iron-Ring）。这枚戒指代表着工程师的责任和谦逊，提醒我们不要忘记历史的教训。

图 3-19　垮塌后的魁北克大桥

魁北克大桥的事故值得警醒，以下推荐几篇相关论文，以供参考。

1. Pearson. C，Delatte N，叶华文，等 . 魁北克大桥垮塌全过程分析［J］. 中外公路，2015，35（5）：138-142.

本文指出，魁北克大桥是当时世界上最长悬臂桥，施工过程中两次垮塌。事故调查发现：第一次垮塌主要是受压弦杆组合截面设计不当，采用的容许应力过大；第二次是起重设备构件断裂引起中跨落水。该文基于垮塌发生的全过程，从工程技术和工程管理两个方面分析垮塌原因，总结宝贵教训。

2. 叶华文，陈醉，曲浩博 . 魁北克大桥连续倒塌过程及结构冗余度分析［J］. 世界桥梁，2017，45（1）：76-81.

本文指出，桥梁倒塌模式一般为连续倒塌，即结构局部构件失效引发连锁反应，导致相邻构件失效，最后整体结构破坏或出现远超过初始破坏的大规模倒塌连锁反应。现代桥梁设计时为保证桥梁整体结构的安全性和鲁棒性，越来越注重结构冗余度理念，分析桥梁的失效模式与冗余度的内在联系。揭示了魁北克大桥垮塌的深层次原因。

3. 张磊，滕锦光，Hollaway L C，等 . 一种快速 FRP 加固钢结构的新技术［J］. 土木工程学报，2008，41（10）：6-14.

本文提出了一种钢结构加固的新技术。针对桥梁等钢结构的失稳破坏提供了一种新的解决思路。

4. 刘扬，鲁乃唯，殷新锋 . 基于体系可靠度的钢桁梁结构优化设计［J］. 中南大学学报（自然科学版），2014（10）：3629-3636.

本文主要建立了钢桁梁结构体系可靠性优化的数学模型，在常规优化模型的基础上，以纵梁和横梁的弯曲失效、腹杆拉应力和屈曲失效为主要失效模式，采用 β 约界法构建出相关性较低的构件并组建成失效树。提出适用于钢桁梁结构的体系可靠性优化方法。

第六节　普通螺栓群的抗剪连接计算

一、问题引入

谚语有云："三个臭皮匠，顶过诸葛亮。"这说明了团结力量大的道理。在上一节已经学会了如何计算单个普通螺栓的抗剪承载能力。那么如果是一群普通螺栓那该如何计算呢，请思考以下的问题：

螺栓群在扭矩作用下，在弹性受力阶段受力最大的螺栓，其内力值是在什么假定下求得的？

二、课堂内容

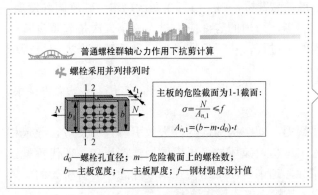

普通螺栓群轴心力作用下抗剪计算

螺栓采用并列排列时

主板的危险截面为1-1截面：
$$\sigma = \frac{N}{A_{n,1}} \leq f$$
$$A_{n,1} = (b - m \cdot d_0) \cdot t$$

d_0—螺栓孔直径；m—危险截面上的螺栓数；
b—主板宽度；t—主板厚度；f—钢材强度设计值

● 为防止构件或连接板因螺栓孔而被过多削弱，并最终被拉（或压）断，需验算其净截面强度。净截面强度验算应选择构件或连接板的受力最不利截面，即内力大且螺孔较多而净截面较小的截面。

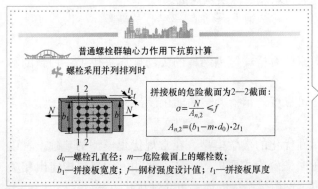

普通螺栓群轴心力作用下抗剪计算

螺栓采用并列排列时

拼接板的危险截面为2—2截面：
$$\sigma = \frac{N}{A_{n,2}} \leq f$$
$$A_{n,2} = (b_1 - m \cdot d_0) \cdot 2t_1$$

d_0—螺栓孔直径；m—危险截面上的螺栓数；
b_1—拼接板宽度；f—钢材强度设计值；t_1—拼接板厚度

● 验算危险截面时，应分别验算主板、拼接板的净截面强度。

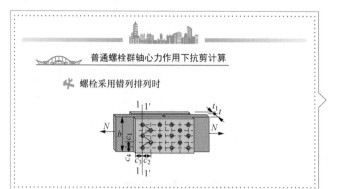

● 当螺栓错列布置时，构件可能沿直线截面 1—1 破坏外，还可能沿折线截面 1′—1′ 破坏，故还需计算折线净截面面积，以确定最不利截面。应分别验算构件和连接板。

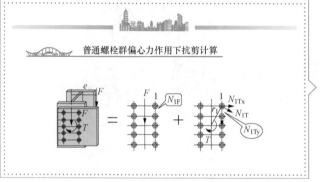

● 在螺栓连接中，常会遇到偏心外力 F 作用或扭矩 T 与剪力 V 共同作用的抗剪螺栓连接。

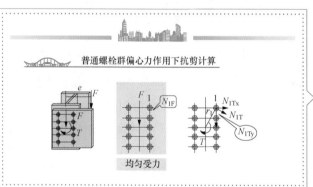

● F 和 T 作用下的普通螺栓群抗剪计算假定为：①F 作用下每个螺栓受到相同的力；②T 作用下，连接板件绝对刚性，螺栓为弹性。单个螺栓的受力规律为：螺栓受力大小与该点至螺栓群形心的距离成正比；受力方向与该螺栓至螺栓群形心的连线垂直。

普通螺栓群偏心力作用下抗剪计算

由此可得螺栓1的强度验算公式为：

$$\sqrt{N_{1Tx}^2+(N_{1Ty}+N_{1F})^2}\le N_{min}^b$$

★ 当螺栓布置比较狭长(如$y_1\ge 3x_1$)时，可进行如下简化计算：

$$N_{1Tx}=N_{1T}=\frac{Ty_1}{\sum\limits_{i=1}^{n}y_i^2},\ \sqrt{N_{1Tx}^2+N_{1F}^2}\le N_{min}^b$$

● 螺栓 1 为距离螺栓群形心最远的螺栓，一般情况下螺栓 1 受力最大。将 T 作用下螺栓 1 所受到的力 N_{1T} 分解为 N_{1Tx} 和 N_{1Ty}，验算螺栓 1 如果满足强度要求，则其他螺栓也可满足强度要求。

三、 钢结构赏析

东京晴空塔

东京晴空塔,如图3-20所示,又译为东京天空树,正式命名前称为新东京铁塔(新东京タワー)、墨田塔(すみだタワー),是位于日本东京都墨田区的电波塔。由东武铁道株式会社和其子公司东武塔天空树共同筹建,于2008年7月14日动工,2012年2月29日竣工,同年5月22日正式对外开放。其高度为634.0m,于2011年11月17日获得吉尼斯世界纪录认证为"世界第一高塔",成为全世界最高的自立式电波塔。

图3-20 东京晴空塔

东京晴空塔的色彩设计是对周围景观的调和以及名称、设计理念"创造超越时空的城市景观:日本的传统的美和将来的设计的融合"作出精心考虑,富有独创的色彩"晴空塔白"(SKY TREE WHITE)。这是以日本的传统色,最淡雅的"蓝白"为基调的独创色彩。SKY TREE WHITE也是以白色为基调,模仿染蓝工匠的技术,在高塔的白色再加上绿色,犹如白瓷略带绿色的白色,发出柔和的光辉。由染蓝工匠的手所制成的色彩,在建造高塔的工商业者居住区继承的工匠文化,通过与高塔相遇,新文化揭幕之感油然而生。身披"SKY TREE WHITE"的高塔掩映在东京的工商业者居住区的蔚蓝色天空之下,正在超越时空,发出更绚丽的光辉。

东京晴空塔的建造目的是为了降低东京市中心内高楼林立而造成的电波传输障碍,并且因类比电视信号发射于2011年7月24日终止后,需要建立一座高度达600m等级的高塔取代东京铁塔(333m)作为数位无线电视的信号发射站。

四、 随堂测验

1.判断题。为防止构件或连接板因螺孔削弱过大而被拉(或压)断,需验算净截面强度。
（　　　）

2. 判断题。净截面强度验算应选择构件或连接板的最不利截面，即内力最大或螺栓孔较多而净截面较小的截面。　　　　　　　　　　　　　　　　　　　　　（　　）

3. 在螺栓群连接板上，当螺栓沿受力方向的连接长度大于 60 倍的螺栓孔直径时，螺栓的承载力设计值要乘以（　　）折减系数。

A. 0.6　　　　　　　　B. 0.7　　　　　　　　C. 0.75　　　　　　　D. 0.8

4. 东京晴空塔是全世界最高的自立式电波塔，也是目前世界第二高的建筑物，请问世界上最高的建筑物是（　　）。

A. 小蛮腰　　　　　　B. 帆船酒店　　　　　　C. 迪拜塔　　　　　　D. 上海中心

五、知识要点

普通螺栓群的抗剪连接计算
1. 普通螺栓群的抗剪连接计算　　　　　2. 剪力与扭矩共同作用下普通螺栓群的抗剪连接计算

六、讨论

普通螺栓连接，按螺栓传力方式可分为哪三种连接？

七、工程案例教学

📍 梅溪湖城市岛

梅溪湖城市岛如图 3 - 21 所示，其双螺旋观景平台主体为纯钢结构建筑，高约 35m、直径约 86m。位于梅溪湖西岸，紧邻 CBD 组团，沿湖有众多商业核心建筑，处在梅溪湖国际新城关键节点，定位为公共开敞空间。岛上的标志性构筑物为高约 35m、直径约 86m 的双螺旋观景平台，相互环绕的两条螺旋上升环道，象征着城市的发展与自然环境相融合，成为生态之城和繁荣之城。站在螺旋的顶端，游客能欣赏到梅溪湖以及周边共约 40 公顷的规划新区风貌。

图 3 - 21　梅溪湖城市岛

该建筑高 35m、直径约 86m 的双螺旋观景平台主要是由空间双曲弯扭构件组成，两条螺旋形的曲线通道采用三角支撑架结构的构筑物曲线通道，连接着一列密集的柱廊。钢结构工程主要包括螺旋体钢结构和人行天桥钢结构两个部分，螺旋体钢结构主要为"钢斜柱＋空间螺旋环道＋柱间钢棒"结构体系，人行天桥钢结构主要为"倒三角桁架＋外包钢板＋弧形桥拱"结构体系，如图3-22所示。

长沙梅溪湖城市岛钢结构工程分为螺旋环道和人行天桥两部分，均为三角形截面空间弯扭结构。螺旋体环道为外皮及内部纵向和横向加劲组成的腔体，外皮及内部纵向加劲均为空间弯扭构件；人行天桥为三角桁架经由槽钢与空间弯扭的外皮连接，其不仅具有一般弯扭结构的特点，还具有大截面、安装困难等特点，这些都对深化设计工作提出了更高的要求。梅溪湖城市岛主体结构施工现场如图3-23所示。

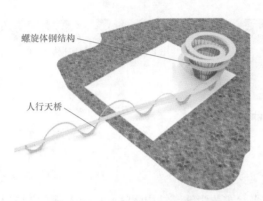

图3-22　梅溪湖城市岛主体结构示意图

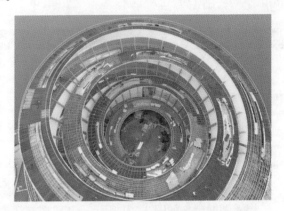

图3-23　梅溪湖城市岛主体结构施工现场图

该项目主体为纯钢结构建筑，总用钢量约7000t，为目前世界上最大的双螺旋钢结构建筑。其复杂奇异的造型主要是由330块大小、形状完全不同的环道单元和32根斜柱构成，这给项目施工带来很大难度，对施工精度控制要求非常高，要求施工过程中反复调验、监测。

为了更加方便地了解空间弯扭钢结构这一形式，特推荐相关论文如下：

1. 章少君，樊林，郭奎刚，等．空间弯扭钢结构深化技术在长沙梅溪湖城市岛项目中的应用［J］．绿色科技，2016（24）：126-128.

本文指出了空间弯扭钢结构具有造型独特、外观优美等优点，在文化艺术中心及体育场馆等大型公共建筑中应用较多，但此类结构面临着深化设计困难、加工制作复杂、现场安装要求高等难题。基于此，以长沙梅溪湖城市岛大截面空间弯扭钢结构深化设计为例，提出了一种关于空间弯扭钢结构深化设计的新思路。

2. 陈振明．空间弯扭型钢结构深化设计技术研究与应用［C］//钢结构与金属屋面新技术应用．2015.

本论针对空间弯扭结构深化设计难和加工制作复杂等特点，通过分析和研究空间弯扭结构三维造型特点、展开放样规律和加工工艺要求，本文介绍了通过专业深化软件进行空间弯扭结构深化设计的一些应用案例。

3. 赵庆科，师哲．空间弯扭钢结构构件的制作工艺研究［J］．钢结构，2015，30（1）：54-58.

本论文介绍了空间弯扭构件的应用，制作工艺及难点。通过此文，能够对于梅溪湖中弯扭钢结构构件的加工制作有一定的了解。

第七节　高强度螺栓单栓承载力计算

一、问题引入

在前两节里，主要介绍"普通螺栓"而不仅仅是"螺栓"。那么到底什么是"不普通螺栓"呢？请思考以下问题：

高强度螺栓与普通螺栓在受力特性方面有什么区别？单个螺栓的承载力设计值是如何确定的？

二、课堂内容

* 摩擦型高强度螺栓是通过板件间摩擦力传递内力的
* 摩擦力的大小取决于板件间的挤压力（P）和板件间的抗滑移系数μ

●高强度螺栓摩擦型连接在承受剪切时，以剪力达到板件间可能发生的最大摩擦阻力为极限状态；当超过最大摩擦阻力使板件间发生相对滑移时，即认为连接已失效。

摩擦力	钢板表面粗糙	要求
为了增大摩擦力，就希望接触面粗糙	不对钢材表面进行防腐、防锈处理，使钢材表面更粗糙	不进行特殊的防腐、防锈处理，就对钢板与钢板之间的紧密性提出更高的要求

●应用高强度螺栓时，为提高摩阻力，接触面通常要经特殊处理，使其洁净并粗糙，以提高其抗滑移系数。承压型连接的板件接触面只要求清除油污及浮锈。当连接面有涂层时，抗滑移系数将随涂层而异，往往导致抗滑移系数降低。

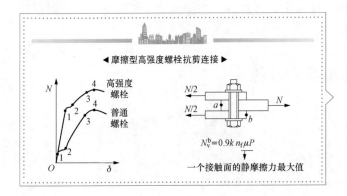

◄ 摩擦型高强度螺栓抗剪连接 ►

$$N_v^b = 0.9 k\, n_f \mu P$$

一个接触面的静摩擦力最大值

- 对于摩擦型高强度螺栓，当荷载达到荷载-变形曲线的 1 位置时，连接达到了极限状态。k 为孔型系数；P 为高强度螺栓的预拉力设计值；n_f 为传力摩擦面数，单剪时 $n_f = 1$，双剪 $n_f = 2$；μ 为摩擦面的抗滑移系数。

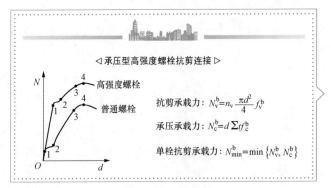

◁ 承压型高强度螺栓抗剪连接 ▷

抗剪承载力：$N_v^b = n_v \dfrac{\pi d^2}{4} f_v^b$

承压承载力：$N_c^b = d \sum t f_c^b$

单栓抗剪承载力：$N_{min}^b = \min\{N_v^b,\ N_c^b\}$

- 承压型高强度螺栓在受剪时，则允许摩擦力被克服并发生板件相对滑移，然后外力可以继续增加，并依此后发生的螺杆剪切或孔壁承压的最终破坏为极限状态。摩阻力只起延缓滑移作用。其抗剪承载力设计值的计算方法与普通螺栓相似，曲线上"4"的位置为极限状态。

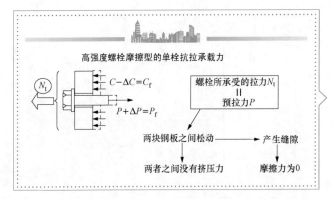

高强度螺栓摩擦型的单栓抗拉承载力

$C - \Delta C = C_f$

$P + \Delta P = P_f$

螺栓所承受的拉力 N_t
＝
预拉力 P

两块钢板之间松动 → 产生缝隙

两者之间没有挤压力 → 摩擦力为0

- 摩擦型高强度螺栓连接依靠预拉力使被连接件压紧传力。

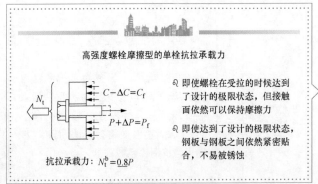

高强度螺栓摩擦型的单栓抗拉承载力

$C - \Delta C = C_f$

$P + \Delta P = P_f$

➢ 即使螺栓在受拉的时候达到了设计的极限状态，但接触面依然可以保持摩擦力

➢ 即使达到了设计的极限状态，钢板与钢板之间依然紧密贴合，不易被锈蚀

抗拉承载力：$N_t^b = 0.8P$

- 当摩擦型高强度螺栓承受外拉力时，经试验和计算分析，只要螺栓所受的拉力设计值 N_t 不超过其预拉力 P 时，螺栓的内拉力增加很少。但当 $N_t > P$ 时，则螺栓可能达到材料屈服强度，在卸荷后使连接产生松弛现象，预拉力降低。

◀承压型高强度螺栓的单栓抗拉承载力▶

因其破坏准则为螺栓杆被拉断，故计算方法与普通螺栓相同

即：

$$N_t^b = A_e f_t^b = \frac{\pi d_e^2}{4} f_t^b$$

式中　A_e——螺栓杆的有效截面面积；

　　　d_e——螺栓杆的有效直径；

　　　f_t^b——高强度螺栓的抗拉强度设计值。

● 承压型高强度螺栓在受拉或受剪情况下单栓的破坏准则与普通螺栓相同。

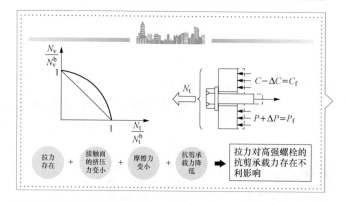

$C - \Delta C = C_f$

N_t

$P + \Delta P = P_f$

拉力存在　＋　接触面的挤压力变小　＋　摩擦力变小　＋　抗剪承载力降低　➡　拉力对高强螺栓的抗剪承载力存在不利影响

● 图中弧线表示普通螺栓连接，直线表示高强度螺栓摩擦型连接。在拉剪结合作用下，摩擦型高强度螺栓连接适用公式：$\dfrac{N_v}{N_v^b} + \dfrac{N_t}{N_t^b} \le 1$，普通螺栓适用公式：$\sqrt{\left(\dfrac{N_v}{N_v^b}\right)^2 + \left(\dfrac{N_t}{N_t^b}\right)^2} \le 1$

拉剪结合

◆ 高强度螺栓摩擦型连接的单栓抗剪承载力 $N_v = 0.9k \cdot n_f \cdot \mu \cdot P$
◆ 高强度螺栓摩擦型的单栓抗拉承载力为：$N_t^b = 0.8P$

$$\frac{N_t}{N_t^b} + \frac{N_v}{N_v^b} \le 1 \longrightarrow N_v^b = 0.9k \cdot n_f \cdot \mu \cdot (P - 1.25N_t)$$

式中　N_t，N_v——外力作用下每个螺栓承担的拉力和剪力设计值；

　　　N_t^b，N_v^b——单个高强度摩擦型螺栓的抗拉和抗剪力设计值。

● 只考虑螺栓拉力对抗剪承载力的不利影响，未考虑受压区板层间压力增加的有利作用，故按该式计算的结果是略偏安全的。

 高强度螺栓承压型连接

◆ 高强度螺栓承压型连接在剪力和拉力共同作用下计算方法与普通螺栓相同

$$\sqrt{\left(\frac{N_v}{N_v^b}\right)^2 + \left(\frac{N_t}{N_t^b}\right)^2} \le 1$$

为了防止孔壁的承压破坏，应满足：

$$N_v \le \frac{N_c^b}{1.2} = \frac{d \sum t f_c^b}{1.2}$$

● 承压型高强度螺栓连接，在施加预拉力后，板的孔前存在较高的三向应力，使孔壁的挤压强度大大提高，故 N_c^b 比普通螺栓的高。但当受到拉力后，板件间挤压力将随拉力的增大而减小，N_c^b 也随之降低。取定值系数 1.2 考虑其影响。

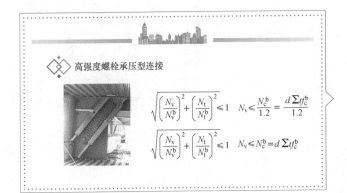

● 图中上式为承压型高强度螺栓的适用公式，下式为普通螺栓的适用公式。唯一的差异是 1.2 的系数。反映了同时承受拉力和剪力状态下的螺栓承载能力校核。

$$\sqrt{\left(\frac{N_v}{N_v^b}\right)^2 + \left(\frac{N_t}{N_t^b}\right)^2} \leq 1 \quad N_v \leq \frac{N_c^b}{1.2} = \frac{d\sum t f_c^b}{1.2}$$

$$\sqrt{\left(\frac{N_v}{N_v^b}\right)^2 + \left(\frac{N_t}{N_t^b}\right)^2} \leq 1 \quad N_v \leq N_c^b = d\sum t f_c^b$$

高强度螺栓承压型连接

三、钢结构赏析

旧金山—奥克兰海湾大桥

旧金山—奥克兰海湾大桥（San Francisco - Oakland Bay Bridge）见图 3 - 24，当地多简称为海湾大桥（Bay Bridge），是一座位于美国旧金山湾区，连接旧金山、耶尔巴布埃纳岛（Yerba Buena Island）以及奥克兰的桥梁。

图 3 - 24　旧金山—奥克兰海湾大桥

海湾大桥是横跨全美国的 80 号州际公路的一部分，是旧金山到奥克兰的直接通路，每天约有 27 万辆次汽车从这座大桥的双层桥面通过。海湾大桥是世界上跨度最大的桥梁之一。

2013 年 9 月 2 日下午，世界最大跨度单塔自锚抗震悬索钢桥、美国旧金山海湾大桥东段新桥在劳工节举行通车仪式。在旧金山和奥克兰间建造一座收费桥梁的设想在淘金热时期已然出现，但直到 1933 年才开始动工。

这座桥梁由查尔斯·H·珀塞尔设计，美国桥梁公司建造，于 1936 年 11 月 12 日完工通车，比旧金山另一著名桥梁金门大桥早六个月通车。最初，上层桥面设计成汽车通道，下层则是铁路和载货卡车的通道，但在"钥匙系统"（运营于 1903—1960 年间的一个私有湾区公共交通公司）终止运营之后，海湾大桥的下层桥面也改为道路供汽车通过。如图 3 - 25 所示为大桥的夜景。

图 3 - 25 旧金山—奥克兰海湾大桥夜景

这座大桥有一个非正式名称，叫"詹姆斯'阳光吉姆'罗尔夫大桥"，但这个名字已经很少被使用了；并且直到 1986 年大桥落成 50 周年庆典前，这个名字都没有得到广泛认可。无论在什么场合，大桥的官方名字一直是"旧金山—奥克兰海湾大桥"，当地人通常简称其为"海湾大桥"。

四、 随堂测验

1. 摩擦型高强度螺栓抗剪能力是依靠（   ）。

A. 栓杆的预拉力　　　　　　　　　　B. 栓杆的抗剪能力

C. 被连接板件间的摩擦力　　　　　　D. 栓杆与连接板件间的挤压力

2. 承压型高强度螺栓连接比摩擦型螺栓连接（   ）。

A. 承载力低，变形大　　　　　　　　B. 承载力高，变形大

C. 承载力低，变形小　　　　　　　　D. 承载力高，变形小

3. 对于摩擦型高强度螺栓连接，由于栓杆中有较大的预应力，所以（   ）。

A. 不能再承担外应力，以免栓杆被拉断

B. 不能再承担外拉力，以免降低连接的抗剪承载力

C. 可以承载外应力，因为栓杆中的拉力并未增加

D. 可以承担外应力，但需限制栓杆拉力的增加值

4. 旧金山是美国加利福尼亚州太平洋沿岸港口城市，是加州仅次于洛杉矶的第二大城

市，美国西部最大的金融中心和重要的高新技术研发和制造基地。除了旧金山—奥克兰海湾大桥，旧金山还有（　　）也很有名。

A. 柏林中心大桥　　　　　　　　　　B. 金门大桥

C. 苏通大桥　　　　　　　　　　　　D. 赫章特大桥

五、 知识要点

高强度螺栓单栓承载力计算	
1. 高强度螺栓连接的构造和性能	2. 高强度螺栓的预拉力和紧固方法
3. 高强度螺栓单栓承载力计算	4. 高强度螺栓抗拉连接工作性能和单栓承载力
5. 在拉剪作用下高强度螺栓连接的工作性能和单栓承载力	

六、 讨论

普通螺栓与高强度螺栓连接在受力特性方面有何区别？单个螺栓的承载力设计值如何确定的？

七、 工程案例教学

南京国际展览中心

南京国际展览中心坐落于玄武湖、紫金山麓，造型优美、设施现代、体量宏伟、功能完备，是古都南京的一项标志性建筑。它集展览、商贸、会议、信息、旅游、娱乐、餐饮为一体，是按照当代国际展览功能建设的大型智能化展馆。配套设施齐全，具备承办单项国际博览会、全国性洽谈会的能力。南京国际展览中心占地 12.6 万 m²，总建筑面积 10.8 万 m²。

南京国际展览中心如图 3-26 所示，拥有 2200 多个国际标准展位（3m²），展位配套设施齐全。并且按国际惯例设计，在建筑物东面、南面设有两个室外展场，南、北、东主入口处均设有平台，可举行各种礼仪活动。其中南礼仪平台和广场占地约 2.5 万 m²，是举行重大活

图 3-26　南京国际展览中心

动的场所。展位配套设施按国际惯例设计，经过 PDS 综合布线，强电、弱电、信息、通信、给水、排水、压缩空气等经地下管沟到达各个展位，设施完备，服务周到，足以满足各种类型展览会的需要。

展厅分上下两层，每层又灵活分隔为三个展厅，可分可合，均能独立对外开放。一层北部展厅为下沉式展厅，净高 8m，室外设有展场，室内展厅地面设计荷载 5t/m² 以适应重型机械及大型设备的展览需求。一层其他两个展厅地面荷载 3t/m²，展厅层高 8.7m，净高为 6m。

南京国际展览中心网架屋盖如图 3-27 所示，国展中心的二层展厅是一个长 243m、宽 75m 的无柱大空间。南北两端主入口各有 15m 悬挑，西侧又有 14m 悬挑。为了实现建筑功能要求，经过多方案的比较，最终选定钢管拱架、檩架结构方案。27m×75m 的柱网，27m 跨度的檩架承担檩条、压型钢板轻钢屋面荷载，南北两端檩架各向外悬挑 15m。跨度 75m、上弦半径 125m 的弧形拱架支承檩架，拱架高端悬挑 14m，最终形成结构新颖、气势宏伟的展览大空间。

图 3-27　南京国际展览中心网架屋盖

南京国际展览中心网架屋盖截面尺寸如图 3-28 所示，结构布置，采取了多种措施，以增加屋面的空间刚度，保证传力可靠。拱架的横截面是宽 4.5m、高 5m 的倒三角形。檩架的横截面是宽 4.88m、高 3m 的倒三角形。三角形的每个面又由弦杆、腹杆组成的小三角形构成，拱架、檩架本身既是几何不变的空间结构，刚度也很好，又便于设备管道、马道等在其中穿行。

为了丰富钢结构知识，推荐相关论文供参考。

1. 王德勤，赵西安. 南京国际展览中心索网点支式幕墙设计与施工 [J]. 钢结构，2002，17（9）：8-12.

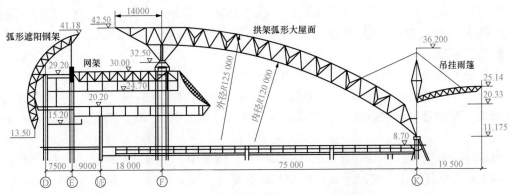

图3-28　南京国际展览中心网架屋盖截面尺寸

本文介绍了本工程的结构布置、拱架的利用结构变形的设计、钢管相贯焊接节点的应用以及结构计算分析等内容。

2. 于国家，刘亚非，仓恒芳，等. 南京国际展览中心大型钢结构施工技术［J］. 江苏建筑，2001（1）：8-13.

本文主要研究了本工程在幕墙施工中所需注意的一些问题，并详细阐述了钢结构幕墙施工的全过程。

3. 刘文. 南京国际展览中心钢管拱架的设计研究［J］. 建筑结构，2001（8）：31-33.

本文主要介绍了南京国际展览中心大型屋盖弧形主拱架和钢管柱的制作安装施工技术。着重介绍了钢屋盖安装中采取的结构稳定措施、路基处理、吊装工艺等内容。

4. 刘文. 南京国际展览中心屋面钢结构工程设计研究［J］. 钢结构，2001，16（4）：7-10.

本文主要介绍了南京国际展览中心跨度75m的钢管拱架的设计方法，该拱架设计时利用了结构的变形；采用钢管相贯焊接节点技术。该工程为今后大跨度钢结构的设计提供了有益的经验。

第八节　高强度螺栓群的抗剪计算

一、问题引入

谚语有云：“星多夜空亮，人多智慧广。”这句话和“三个臭皮匠，顶过诸葛亮。”有着相同的道理。既然单个的高强度螺栓已经很厉害了，那一群的高强度螺栓岂不是更厉害！请思考以下问题：

在受剪连接中，使用高强度螺栓摩或普通螺栓擦型连接，对构件开孔截面净截面强度的影响哪一种较大？为什么？

二、课堂内容

轴心力作用

◇ 摩擦型连接(所需螺栓数):
$$n \geq \frac{N}{N_v^b}$$

◇ 承压型连接(所需螺栓数):
$$n \geq \frac{N}{N_{min}^b}$$

☆ 假定各螺栓受力均匀

● 对于如图所示的连接方式, n 为接缝单侧所需螺栓数。 n 的确定应当考虑构造及排列要求。

高强度螺栓摩擦型连接的验算

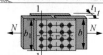

◇ n_1 的孔前传力: $\dfrac{0.5N}{n}n_1$

◇ 主板的危险截面1—1截面内力为:
$$N' = N\left(1 - \frac{0.5n_1}{n}\right)$$

$$\sigma = \boxed{\frac{N'}{A_{n,1}}} \leq f$$

N—外荷载;
n—连接一侧额螺栓总数;
n_1—计算截面上的螺栓总数;
f—钢材强度设计值;
d_0—螺栓孔直径;
b—主板宽度; t—主板厚度。

其中: $A_{n,1} = (b - n_1 d_0)t$

● 系数0.5, 是考虑高强度螺栓的孔前传力特点。 由于摩阻力作用, 认为所验算的净截面上每个螺栓所分担的剪力的50%已由螺栓孔前的摩阻力传递到被连接的另一构件中。

高强度螺栓摩擦型连接的验算

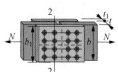

拼接板的危险截面为2—2截面:
$$N' = 0.5N\left(1 - \frac{0.5n_2}{n}\right)$$

$$\sigma = \frac{N'}{A_{n,2}} \leq f$$

其中: $A_{n,2} = (b_1 - n_2 d_0)t_1$

☆ 高强度螺栓承压型连接的净截面验算与普通螺栓的净载面验算完全相同。

● 承压高强度螺栓受剪时, 其极限承载力由螺杆抗剪和孔壁承压决定, 摩阻力只起延缓滑移作用。 因此不考虑孔前传力。

扭矩或扭矩、剪力共同作用下

计算方法与普通螺栓相同

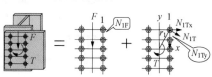

● 在偏心力 F 作用下, 高强螺栓的计算方法与普通螺栓相同。 都是将偏心力转化为经过栓群形心的剪力 F 与扭矩 T, 分别计算受力, 再进行叠加。

扭矩或扭矩、剪力共同作用下

计算方法与普通螺栓相同
剪力F作用下每个螺栓受力:

$$N_{1F} = \frac{F}{n}$$

● 假定 F 作用下每个螺栓受到相同的力。

扭矩或扭矩、剪力共同作用下

计算方法与普通螺栓相同
扭矩T作用下:

$$N_{1Tx} = \frac{T \cdot r_1}{\sum\limits_{i=1}^{n} x_i^2 + \sum\limits_{i=1}^{n} y_i^2} \cdot \frac{y_1}{r_1} = \frac{T \cdot y_1}{\sum\limits_{i=1}^{n} x_i^2 + \sum\limits_{i=1}^{n} y_i^2}$$

$$N_{1Ty} = \frac{T \cdot r_1}{\sum\limits_{i=1}^{n} x_i^2 + \sum\limits_{i=1}^{n} y_i^2} \cdot \frac{x_1}{r_1} = \frac{T \cdot x_1}{\sum\limits_{i=1}^{n} x_i^2 + \sum\limits_{i=1}^{n} y_i^2}$$

● 假定 T 作用下连接板件绝对刚性, 螺栓为弹性, 单个螺栓的受力规律与普通螺栓群相同。 螺栓受力大小与该点至螺栓群形心的距离成正比; 受力方向与该螺栓与螺栓群形心的连线垂直。

扭矩或扭矩、剪力共同作用下

计算方法与普通螺栓相同
由此可得螺栓1的强度验算公式为:

①摩擦型连接: $\sqrt{N_{1Tx}^2 + (N_{1Ty} + N_{1F})^2} \leqslant N_v^b$

②承压型连接: $\sqrt{N_{1Tx}^2 + (N_{1Ty} + N_{1F})^2} \leqslant N_{min}^b$

● 高强螺栓摩擦型和承压型的强度验算公式略有区别, 反映了两种高强度螺栓各自的受力特点。

三、 钢结构赏析

米卢大桥

图 3 - 29　米卢大桥

如图 3 - 29 所示, 在法国南部的小湖山谷上空 342m (1125ft) 处, 建有一座好似飞过谷底的大桥——米卢大桥。这座旷世大桥比埃菲尔铁塔还要高, 花费了 3 年时间修建, 于 2004 年正式通车。站在桥上俯瞰河谷别有一番情趣, 当有雾气在桥下山谷萦绕时, 会让你感到一阵炫目。

它的平均高度有 245m（807.1ft），拥有世界上最长的单桥跨度（相邻支撑架之间的距离），341m（1122ft），简言之，这座桥无论在书本上看到还是实际见到，都会为之震撼。

四、随堂测验

1. 判断题。高强度螺栓摩擦型连接承受剪力时的设计准则是外力不得超过摩阻力。（　　）

2. 判断题。高强度螺栓承压型连接承受剪力时，其极限承载力由螺栓抗剪和孔壁承压决定，摩阻力只起延缓滑动作用。（　　）

3. 对于直接承受动力荷载的结构，宜采用（　　）。

A. 焊接连接   B. 普通螺栓连接

C. 摩擦型高强度螺栓连接   D. 承压型高强度螺栓连接

4. 按一层楼 3m 计算，请问米卢大桥这座世界最高的运输大桥平均高度相当于（　　）楼高。

A. 18 层   B. 81 层   C. 43 层   D. 60 层

五、知识要点

高强度螺栓群的抗剪计算

1. 轴心力作用下高强度螺栓群的抗剪计算　　　　2. 扭矩和剪力共同作用下高强度螺栓群的抗剪计算

六、讨论

在受剪连接中，使用普通螺栓连接或高强度螺栓摩擦型连接，哪一种对净截面强度验算的影响比较大？为什么？

七、工程案例教学

武汉中心

武汉中心位于武汉市汉口城区，是在王家墩机场搬迁原址上规划建造的武汉市"新心脏"——王家墩中央商务区内第一座地标性建筑，如图 3-30 所示。该建筑仿佛迎风张满风帆的航船载满希望与力量，在经济的浪潮中乘风破浪勇往直前。寓意着武汉中心作为黄金水道的旗舰，引领新时代武汉经济的发展繁荣。

华东建筑设计院承担了武汉中心的全部专业的全过程设计，武汉中心含总高度为 438m 的 88 层塔楼和高 22.5m 的 4 层裙楼，地上建筑面积约 26 万 m^2，地下室 3～4 层，建筑面积约 8 万 m^2。塔楼功能包括办公、公寓、酒店、观光，裙房为商业和酒店配套设施，办公层层高 4.4m，公寓、酒店层层高 4.2m，设备/避难层层高 6.3m 和 6.6m。

武汉中心大厦的结构抗侧力体系核心筒混凝土强度等级为 C60，巨柱混凝土强度等级为 C70～C50，巨柱钢管及楼面钢梁采用 Q345B 钢，伸臂桁架、环带桁架以及钢板剪力墙采用 Q390GJC 钢。武汉中心结构示意图如图 3-31 所示。

图 3-30 武汉中心

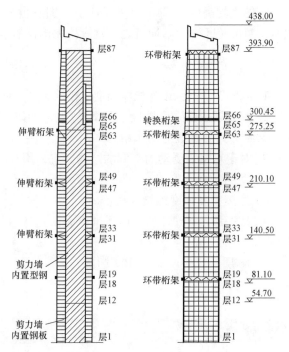

图 3-31 武汉中心结构示意图(单位:m)

尤其是位于武汉中心大厦 87、88 层的观光阁极具特色,其超大环廊能容纳 200 人在标高 410m 的高空俯瞰武汉。9000m² 的武汉中心大厦幕墙,由 10 935 块独立"会呼吸"的板块组成,每个板块立面上下整体呈弯弧形,这种设计能最大限度接受阳光照射,尽量降低能耗。每片"鱼鳞"均能自由开合,为大厦通风换气。另外,大厦还安装了太阳能电板,提供光伏发电和太阳能热水。

除了节能省电,武汉中心大厦在环保细节方面做到极致。建成后,写字楼内部装有智能环境监控系统,可自动输送新鲜空气;地源热泵系统可利用地下水自动调节大厦内的空气温度;通过"鱼鳞片"导流,雨水可重新回收利用;3000m³ 的蓄水池如同"水空调",在用电高峰期,将冷水循环到大厦内降温。如果这些节能环保措施全部实施,写字楼业主可节能 15%~30%。

图 3-32 为武汉中心建设实景。武汉中心项目是集智能办公区、全球会议中心、VIP 酒店式公寓、白金五星级酒店、360°高空观景台、高端国际商业购物区等多功能为一体的地标性国际 5A 级商务综合体,定位于与中国中部现代服务业中心相匹配,体现武汉市经济、人文发展趋势和地貌特征,满足高层次商务活动及人士需求。

作为典型的超高层建筑,武汉中心有许多值得借鉴和了解的特点和知识。下面推荐相关论文供参考。

1. 聂建国,丁然,樊健生,王军,蔡涛,汪大绥,周建龙,周健. 武汉中心伸臂桁架-核心筒剪力墙节点抗震性能试验研究 [J]. 建筑结构学报,2013,34(09):1-12.

本文作者结合武汉中心超高层结构设计,对伸臂桁架—核心筒剪力墙节点进行的拟静力

图 3 - 32 武汉中心建设实景

试验进行了介绍。节点按构造分为钢板外包式和钢板内嵌式两种,通过对两类试件进行低周往复试验,对节点的承载力、刚度、延性和耗能能力进行分析,结果表明,试验采用的两种不同构造形式的伸臂桁架—核心筒剪力墙节点均具有良好的承载能力、延性和耗能能力,抗震性能优越。

2. 周健,陈锴,张一锋,施红军,汪大绥,周建龙,季俊杰,赵静,王洪军,姜东升,吴江斌,方锐强,蒋科卫.武汉中心塔楼结构设计 [J].建筑结构,2012,42 (05):8 - 12.

本文对该工程结构的特点进行了阐述,介绍了其抗震超限设计的主要措施;对大直径钢管柱及梁柱节点、伸臂桁架伸入核心筒节点等关键部位的做法进行了探索;最后对利用施工顺序优化主动控制结构内力分布的设计方法进行了尝试。

3. 赵静.超限复杂高层武汉中心的结构抗震分析 [J].结构工程师,2012,28 (02):66 - 73.

本文介绍了在进行武汉中心的结构抗震分析与设计中,对平面及竖向均不规则的超高层结构抗震分析时注意的要点。

4. 陈君瑞.武汉中心单片超长钢板墙的安装质量控制 [A].工业建筑 [J],2014:3.

本文介绍了武汉中心核心筒钢板墙共八节,顶标高为+54.550m。作者通过对地下室预先安装完毕的块钢板墙的安装质量进行研究,确定了影响钢板墙安装精度的原因,针对不同的原因采取了一系列相应的对策措施降低安装偏差,取得良好效果。

第九节 高强度螺栓群的抗拉计算

一、问题引入

都说人的一生总是不停地出现在不同的地方，遇见不同的人。高强度螺栓群也是一样，在它的一生也会遇见不同的受力状况。前面已经了解了有关抗剪的计算，接下来学习抗拉的计算，请思考以下问题：

拉剪结合作用下的高强度螺栓摩擦性连接与普通螺栓连接的计算方法有何不同？此时的高强度螺栓承压型连接的计算方法又有何不同？

二、课堂内容

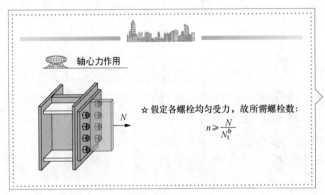

☆假定各螺栓均匀受力，故所需螺栓数：

$$n \geqslant \frac{N}{N_t^b}$$

● 受轴心力 N 作用时的高强度螺栓连接，其受力的分析方法和普通螺栓的一样，先按图中公式确定连接所需螺栓数目，然后进行布置排列。

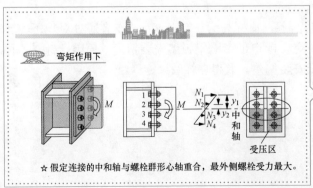

☆假定连接的中和轴与螺栓群形心轴重合，最外侧螺栓受力最大。

● 若采用高强度螺栓摩擦型连接承受弯矩 M，由于高强度螺栓预拉力较大，被连接构件的接触面一直保持着紧密贴合，可以认为中和轴一直保持在螺栓群形心轴线上。最上面一排螺栓承受最大拉力 N_1。

弯矩作用下

☆ 由力学可得：$\dfrac{N_1}{y_1}=\dfrac{N_2}{y_2}=\dfrac{N_3}{y_3}\cdots=\dfrac{N_n}{y_n}$

$$M=N_1y_1+N_2y_2+\cdots N_ny_n$$

$$N_1=\frac{M\cdot y_1}{\sum\limits_{i=1}^{n}y_i^2}$$

☆ 因此，设计时只要满足 $N_1\leqslant N_t^{\mathrm{b}}$ 即可。

● y_i——螺栓至中和轴（过螺栓群形心）的垂直距离；

y_1—受拉力最大螺栓 "1" 至中和轴的距离。

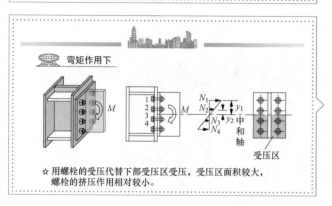

弯矩作用下

☆ 用螺栓的受压代替下部受压区受压，受压区面积较大，螺栓的挤压作用相对较小。

● 根据实验和分析，《钢结构设计标准》（GB 50017—2017）偏安全的规定单个高强度螺栓的抗拉承载力设计值为 $0.8P$。

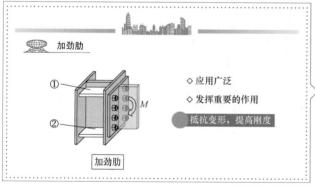

加劲肋

◇ 应用广泛
◇ 发挥重要的作用

抵抗变形，提高刚度

加劲肋

● 加劲肋是在支座、节点或有集中荷载处，为保证局部稳定并传递集中力所设置的条状加强件，可以提升局部范围的受力性能。加劲肋适宜在腹板两侧成对配置，也可单侧配置。根据构造要求合理采用构造措施，增大刚度。

混合连接

♻ 螺栓与焊接共同作用

● 工厂预制焊接；现场螺栓安装。

⚙ 三、 钢结构赏析

📍 广州东塔

为广州东塔（Guangzhou East Tower）如图 3-33 所示，亦称广州周大福金融中心（Chow Tai Fook Centre）。位于广州天河区珠江新城 CBD 中心地段，规划用途为商务办公，用地面积 26 494.184m²，规划建筑面积为地面以上 35 万 m²，地下商业建筑 1.8 万 m²，地块容积率达 13。建筑总高度 530m，已于 2014 年 10 月 28 日举行了封顶仪式。广州东塔和广州西塔构成广州新中轴线。

图 3-33　广州东塔

塔顶采取"之"字形的退台设计，又在不同楼层形成空中花园；玻璃幕墙采用白色陶土板挂件，可以天然采光；结构上首次采取超高强绿色混凝土，减轻东塔自重的同时还增加了使用面积。顶部采取"之"字形退台设计，形成 3 个露天观景平台：底部的办公区顶部平台在 66 层朝西，可以看夕阳西落；中部的国际公寓区顶部平台在 91 层朝东，可以看日出东方；对景观要求最高的五星级酒店平台在 107 层，平台完全开敞，可朝东南西面远望，既可看日出日落，又可欣赏珠江。

📋 四、 随堂测验

1. 摩擦型高强度螺栓抗剪能力是依靠（　　）。

A. 栓杆的预拉力　　　　　　　　　　　B. 栓杆的抗剪能力

C. 被连接板件间的摩擦力　　　　　　　D. 栓杆与被连接板件间的挤压力

2. 摩擦型高强度螺栓抗拉连接，其承载力（　　）。

A. 比承压型高强螺栓连接小　　　　　　B. 比承压型高强螺栓连接大

C. 与承压型高强螺栓连接相同　　　　　D. 比普通螺栓连接小

3. 某承受轴心拉力的钢板用摩擦型高强度螺栓连接，接触面摩擦系数是 0.5，栓杆中的预拉力为 155kN，栓杆的受剪面是一个，钢板上作用的外拉力为 180kN，该连接所需螺栓个数为（　　）。

A. 1个　　　　　B. 2个　　　　　C. 3个　　　　　D. 4个

4. 与广州东塔相对的，除了在同一珠江边上的广州西塔，在珠江对岸（　　）也是一座非常出名的钢结构建筑。

A. 埃菲尔铁塔　　　B. 小蛮腰　　　　C. 晴空塔　　　　D. 东方明珠塔

五、　知识要点

高强度螺栓群的抗拉计算	
1. 在轴心力作用下高强度螺栓群的抗拉计算	2. 在弯矩作用下高强度螺栓群的抗拉计算
3. 在偏心力作用下高强度螺栓群的抗拉计算	

六、　讨论

同时承受拉力和剪力时，普通螺栓连接和高强度螺栓摩擦型连接的计算方法有何不同？

七、　工程案例教学

⦿ 滨海站

滨海站（曾用名为于家堡站）如图 3-34 所示，地处天津市滨海新区于家堡金融区北端，站房主体结构为地上 1 层、地下 3 层，车场总规模为 3 台 6 线，与城市轨道交通及公共交通无缝衔接，是集运输生产、旅客服务、市政配套等多功能为一体的综合交通枢纽站，乘客可实现地铁、公交和铁路等交通工具的换乘。滨海站是当时世界最大、最深的全地下高铁站房，也是全球首例单层大跨度网壳穹顶钢结构工程。滨海站建成后，从北京南站、天津站到达滨海站的时间将分别缩短至 45min、15min。

图 3-34　滨海站

滨海站是我国第一条高速城际铁路——京津城际高铁延伸线的终点站，占地面积 9.3 万 m^2，建筑面积超过 27 万 m²。此外，滨海站的地下连续墙深度比一般建筑物要求高得多——达到地下 60m、最深处到 65m，几乎约等于 300m 高楼所需桩基深度。图为天津滨海新区滨海高铁站内景。

滨海站地面站房经过国际招标，确定了采用"贝壳"建筑设计方案，其灵感来源于鹦鹉螺和向日葵的螺旋线，从圆形双向螺旋网格拉伸出初始平面形态，通过数值"悬挂"形成初始形体，再反转得到贝壳形壳体，最后经与建筑结合，对平面尺寸、高度进行调整，最终形成通透、开敞、明亮、新颖的建筑空间，达到了结构与建筑的完美统一。

滨海站网壳结构体系的创新主要包括网壳网格形式的创新和国内外罕见的跨度。网壳由 36 根顺时针方向和 36 根逆时针方向的螺旋形箱梁杆件相互编织，在顶部交织成 36 个点与顶部钢环梁连接。在底部也交织成 36 个钢节点与底部钢环梁连接，这样一个顶环梁＋编织网＋底环梁的单层编织网通过支座与地下结构顶板连接；形成纵向跨度 143m、横向跨度 80m、矢高 24m 的贝壳形单层网壳结构。其复杂优美的网格形式在国内大跨钢结构领域属于首创。同时，将支座设计成双球铰钢支座，也属国内网壳结构的首例。滨海站网壳内景如图 3 - 35 所示。

图 3 - 35　滨海站网壳屋顶内景

为了便于了解网壳结构以及此结构的施工过程，推荐如下论文供参考。

1. 金振山，刘金锁. 于家堡高铁站单层网壳结构施工过程模拟分析［C］// 全国钢结构工程技术交流会. 2014.

文章指出大跨空间结构施工过程中的结构受力状态常与设计和使用阶段状态存在较大差异。因此有必要对此类结构的施工过程进行模拟分析。本文利用有限元软件施工模拟模块按照预定施工方案之一对高铁站房单网壳结构进行了施工过程模拟分析，为施工方案的选择提供了理论指导。

2. 刘峻峰. 安装误差对大跨度复杂钢结构稳定承载力的影响研究［J］. 建筑施工，2016，38（5）：658 - 660.

　　本文通过有限元分析，对工程施工中产生的安装误差对最终钢结构稳定性的影响进行了研究。结果显示其概率设计分析方法可有效地用于大跨复杂结构临界荷载对节点安装误差的敏感性分析中。通过对比分析不同安装误差分布模式及不同安装误差幅值对结构稳定承载力的影响，结果显示既定施工方案引起的安装误差对结构的稳定承载力影响较小。

　　3. 刘学春，张爱林．基于随机缺陷理论的大跨度预应力弦支穹顶结构非线性整体稳定分析［J］．北京工业大学学报，2013，39（8）：1200 - 1205.

　　本文对于弦支穹顶结构基于初始几何缺陷随机分布特点，提出了弦支穹顶结构整体稳定分析的初始缺陷概率法，得到初始几何缺陷最大值和分布形式的合理取值。

　　4. 崔晓强，郭彦林，叶可明．大跨度钢结构施工过程的结构分析方法研究［J］．工程力学，2006，23（5）：83 - 88.

　　本文针对大型构件吊装过程中的强度、刚度和稳定性，拆撑过程中永久结构和临时结构的相互作用及其安全性等问题，介绍了基于有限元方法开发的针对大跨度钢结构施工过程分析的方法和程序。阐明了大跨度钢结构施工过程的结构分析方法。

第四章　轴心受力构件

第一节　轴心受力构件的常用截面形式

一、问题引入

　　在上一章已经知道该如何才能把"积木"搭接成"木房子"了。接下来的这两章里，要了解的是不同形式、不同功能的"积木"。接下来了解一下轴心受力构件的常用截面形式，请思考以下的问题：

　　什么是轴心受力构件呢？轴心受力构件有哪些常用截面形式？

二、课堂内容

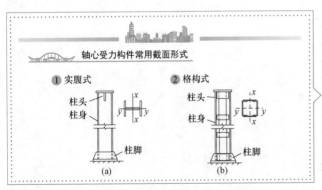

轴心受力构件常用截面形式

① 实腹式　　② 格构式

(a)　　(b)

●轴心受力构件可分为实腹式构件和格构式构件两类。实腹式构件具有整体连通的截面；格构式构件一般由两个或多个分肢用缀材相连而成，因缀材不连续，故在截面图中缀材用虚线表示。

(a)普通桁架杆件截面

(b)轻型桁架杆件截面

(c)实腹式构件截面

●对于轴心受力构件，考虑设计的合理性，应选择至少拥有一个对称轴的截面，优先选择具有两个及以上对称轴的截面。

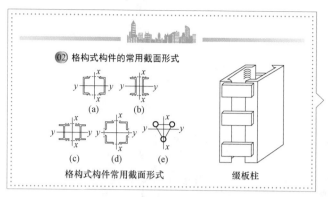

● 格构式构件可采用双肢、三肢、多肢截面，常用槽钢、角钢、H型钢以及钢管作为分肢。缀材有缀条或缀板两种，一般设置在分肢翼缘两侧平面内，其作用是将各分肢连成整体，使其共同受力，并承受绕虚轴弯曲时产生的剪力。

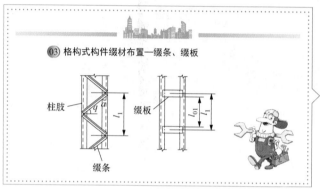

● 缀条用斜杆组成或斜杆与横杆共同组成，缀条常采用单角钢，与分肢翼缘组成桁架体系，使承受横向剪力时有较大的刚度。缀板常采用钢板，与分肢翼缘组成刚架体系。在构件产生绕虚轴弯曲而承受横向剪力时，刚度比缀条格构式构件略低。

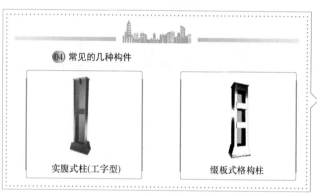

● 实腹式构件比格构式构件构造简单，制造方便，整体受力和抗剪性能好，但截面尺寸较大时钢材用量较多；而格构式构件容易实现两主轴方向的等稳定性，刚度较大，抗扭性能较好，用料较省，但制作安装复杂。

三、 钢结构赏析

广州国际金融中心（广州西塔）

　　广州国际金融中心（简称：广州 IFC）位于珠江新城 CBD 中轴线上，毗邻珠江，如图 4-1 所示。作为南中国首席金融商务平台，广州 IFC 与广州经济发展一脉相承，并以强大的品牌优势、综合的规划功能、优异的产品品质、集聚高端客户、完善的服务体系成为广州商务形象的新标杆。项目占地面积约 3.1 万 m²，总建筑面积约 45 万 m²，楼高 432m，其中主塔楼地上共 103 层，地下 4 层，跻身全球十大超高层建筑之列。项目由超甲级写字楼、五星级超豪华四季酒店、友谊商店、雅诗客服务公寓以及国际会议中心等五大功能组成。

图 4 - 1 广州国际金融中心

　　广州国际金融中心运用巨型斜交网柱筒中筒结构,设计方案是经由广州市城市规划局于2004 年组织的国际邀请竞赛征集的 12 个方案中选出的,其设计理念为"通透水晶",其目标就是使之成为一座造型优美体量雅致的建筑,从而发挥其在勾勒城市空中轮廓方面的重要作用。

　　建筑体的外衣是钢管混凝土巨型斜交网格外筒,其内部体态则是钢筋混凝土内筒,连接内外筒的则是钢 - 混凝土组合楼盖。这种独特创新的筒中筒结构体系在世界超高层建筑中尚且是罕有的一个。整个建筑外立面精美流畅,典雅现代,极为晶莹剔透而又瑰丽多彩,全面区隔并超越过往的传统高层建筑。

四、 随堂测验

　　1. 以下 (　　) 构件抗扭刚度大,容易实现两主轴方向稳定承载力相等,并使用料较省。

　　A. 实腹式构件　　　　B. 缀条式构件　　　　C. 缀板式构件　　　　D. B 和 C

　　2. 以下截面中抗扭性能较好的是 (　　)。

　　A. 槽钢截面　　　　B. 工字型截面　　　　C. T 形截面　　　　D. 箱形截面

　　3. 实腹式轴心受拉构件计算的内容有 (　　)。

　　A. 强度

　　B. 强度和整体稳定性

　　C. 强度、局部稳定和整体稳定

　　D. 强度、刚度(长细比)

　　4. 广州西塔的另一个名称是广州国际金融中心。与它相邻不远的地方也有一座钢结构建筑——广州东塔,请问它的另一名称是 (　　)。

　　A. 广州小蛮腰

　　B. 广州周大福金融中心

　　C. 广州世界金融中心

　　D. 广州国际贸易中心

五、 知识要点

轴心受力构件的常用截面形式	
1. 实腹式构件	2. 格构式构件
3. 格构式构件缀材的布置	

六、 讨论

轴心受力构件截面选型的要求是什么？格构式构件的虚轴与实轴如何区分？

七、 工程案例教学

⦿ 广州国际演艺中心

广州国际体育演艺中心是一座拥有北京奥林匹克篮球馆内核，酷似"鸟巢"和国家大剧院外形的体育演艺建筑，如图 4-2 所示。由 NBA（中国）、美国 AEG 集团和广州开发区管委会三方联合，共同参与设计、进行市场推广及运营，也是继北京五棵松文化体育中心、上海世博文化中心后全国第三个集体育、演艺、文化娱乐于一体的大型综合性场馆。

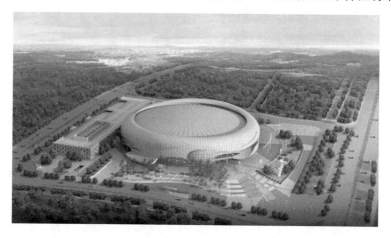

图 4-2 广州国际体育演艺中心

广州国际体育演艺中心位于广州市经济开发区萝岗区政府办公楼南侧、开创大道旁，是开发区的标志性建筑，如图 4-3 所示。由广州凯得文化娱乐有限公司投资，广州开发区土地开发建设中心建设，美国 Manica 设计公司和广州市建筑设计院设计，华南理工大学建筑设计研究院进行施工图纸审查，广州珠江工程建设监理公司监理，广州市萝岗区质量安全监督站监督，北京城建—广州建筑组成联合体总承包施工，合同工期 710 天（2010 年 9 月底完工）。

该工程总建筑面积 12 万多 m²，由一座拥有 18 000 个座席的篮球馆及练习馆、停车楼、入口广场组成，其中主场馆建筑面积近 8 万 m²，建筑高度 34.5m，上下分为 4 层，长 169.98m，宽 145m，内设豪华 VIP 包厢 60 个，计划于 2010 年 9 月 30 日建成并投入使用。屋面主体钢结构完工后，马道、中央漏斗屏、机电安装及檩条、压型钢板随之展开施工。

图4-3　夜幕中的广州国际体育演艺中心

该项目建成后将加速广州的体育产业化进程，极大地带动广州东部地区第三产业的发展，并有利于引进国际先进的文体服务管理体系，为广州打造现代体育商务服务的新范例。

为了更加了解广州国际演艺体育中心，提供相关文献供参考。

1. 李瑞峰. 广州国际体育演艺中心工程屋盖钢结构施工技术［C］// 影响中国 - 中国钢结构产业高峰论坛. 2010.

该工程钢结构部分主要集中在体育馆屋盖，本文首先大致介绍了工程的几个特点难点，然后详细介绍了钢屋盖的整套施工技术，总结了类似规模的大型体育馆工程的施工经验，对类似工程提供了示范作用。

2. 李思璐，叶茂. 广州国际体育演艺中心钢屋架施工组装模拟分析［J］. 广东建材，2015（1）：65 - 67.

由于大跨度钢结构在施工过程中可能因为失去平衡而倒塌或因局部构件、节点强度不足而破坏，故需要对施工各阶段结构的受力状态及性能进行分析计算，以确保结构在施工过程中的安全性。本文以广州国际体育演艺中心钢屋架为例，应用 ANSYS 对其进行仿真模拟，分析其结构组装施工各阶段受力状态和变形情况，总结出结构变形和应力分布特征。

3. 李思璐，任珉，叶茂，等. 广州国际体育演艺中心钢屋盖支撑卸载模拟分析及监控［J］. 广州大学学报（自然科学版），2011，10（4）：50 - 54.

由于大跨度钢屋盖施工过程中受力情况与成型后是不同的，所以必须考虑施工过程中结构体系的变化。本文结合广州国际体育演艺中心钢屋盖支撑卸载工程的施工特点，给出其支撑卸载的总体方案，并对卸载施工过程中的节点位移、杆件应变进行监测，应用 AN-SYS 有限元分析其卸载过程，确定卸载过程中应力和变形的变化范围，并与实测数据对比分析。

第二节 轴心受力构件的强度与刚度

一、问题引入

有句歇后语为："土地老打玉帝——刨根问底。"是说我们在认识一件事物时要保持好奇心，凡事多问、多了解。上一节了解了轴心受力构件的常用截面形式，接下来了解轴心受力构件的强度与刚度，请思考以下的问题：

轴心受力构件为何要进行刚度计算？计算公式是什么形式？

二、课堂内容

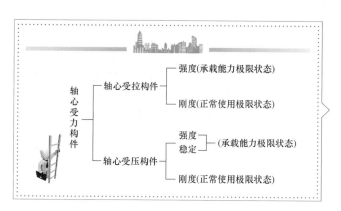

● 轴心受力构件仍需要考虑两种极限状态：承载能力极限状态、正常使用极限状态。承载能力极限状态通过强度和稳定来体现，正常使用极限状态通过刚度来体现。对于轴心受压构件，强度、刚度、稳定均需验算，轴心受拉构件则不需要验算稳定。

① 强度计算(承载能力极限状态)

毛截面屈服：

$$\sigma = \frac{N}{A} \leqslant f$$

式中 N——所计算截面处的拉力设计值；
A——构件的毛截面面积；
f——钢材的抗拉强度设计值。

● 轴心受力构件在轴心力 N 作用下，无孔洞等削弱的轴心受力构件截面上产生均匀受拉或受压应力，当截面的平均应力超过屈服强度 f_y 时，构件会因塑性变形发展引起变形过大，导致无法继续承受荷载。

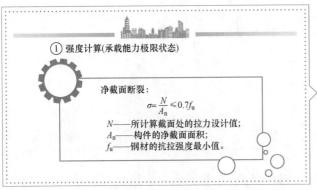

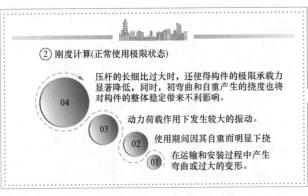

- 有削弱时，构件强度按照薄弱部位的净截面核算，根据净截面的应力不超过抗拉强度 f_u 除以对应的抗力分项系数 γ_{Ru} 来计算。抗力分项系数增大 10%，取 $\gamma_{Ru} = 1.1 \times 1.3 = 1.43$，其倒数为 0.7，即 $\sigma = \dfrac{N}{A_n} \leqslant 0.7 f_u$

- 构件的柔细程度通常按照长细比来划分，工程建设中对构件的长细比有一定要求，当构件过分柔细时，就将产生一系列不利的影响。

- 轴心受力构件的刚度采用长细比来衡量，长细比越小，表示构件刚度越大，反之则刚度愈小。刚度条件则以保证最大长细比 λ_{max} 不超过容许长细比 $[\lambda]$ 来实现。这里应认真领悟截面回转半径的物理意义。

- 根据长细比的计算公式，影响轴心受压构件刚度的因素有五个，其中几何长度和杆两端的边界条件影响构件的计算长度，截面的惯性矩和截面的面积大小影响构件的回转半径，拉压的性质则影响构件的容许长细比。

影响轴心受压构件刚度的因素

5 拉压的性质

[λ]——构件的容许长细比，其值取详见规范或教材

A 轴心受压的杆件
[λ]=150~200

轴心受拉的杆件
[λ]=250~400

● 相对于受拉构件，受压构件的长细比更为重要。受压构件因刚度不足，一旦发生弯曲变形后，因变形而增加的附加弯矩影响远比拉构件严重。长细比过大，会使压杆的稳定承载力降低太多，因而其容许长细比 [λ] 限制比拉杆严格很多。

三、 钢结构赏析

金茂大厦

金茂大厦又称金茂大楼，位于中国上海市浦东新区黄浦江畔的陆家嘴金融贸易区，楼高420.5m，大厦于1994年开工，1998年建成，有地上88层，若再加上尖塔的楼层共有93层，地下3层，景色如图4-4和图4-5所示。

图4-4 金茂大厦

金茂大厦按综合性、多功能设计，除主楼1~50层为办公区外，53层以上为五星级豪华酒店，共设有大小不等、风格各异的豪华客房555间（套），每套客房均可饱览上海市迷人的景色。还设有各种餐饮、酒吧、咖啡、游泳、桑拿、健身中心、俱乐部等配套设施，88层更设有中国最高最大的游客观光厅。

上海金茂大厦在建造之初，建筑设计采取了国际招投标的形式，最终中标者为美国的设计公司。据说美国人接手这个项目的投标任务后，所着手解决的第一个问题不是去研究该项目的技术问题，而是力求寻找一种现代超高层建筑与中国历史建筑文脉相沿袭的结合模式。他们在中国的大江南北寻找了几乎所有古代高层建筑的图片，最终他们选定了西安的大雁塔作为构思

图 4-5 金茂大厦远景

上海金茂大厦的原型。另外，美国人又研究了中国另一个最著名的古建筑群——北京紫禁城的平面布局，将金水玉带的吉祥格局巧妙地引申到金茂大厦的形体设计中。现在这座大厦已经建成耸立在浦东，它修长稳健的体形确实让人联想到古老的大雁塔的身影，它接近基座部分的最下几层的跌水处理，也确实体现出中国古代平面布局中曲水环绕的建筑规划方法。

四、随堂测验

1. 受拉构件按强度计算极限状态是（   ）。

A. 净截面的平均应力达到钢材的抗拉强度

B. 毛截面的平均应力达到钢材的抗拉强度

C. 净截面的平均应力达到钢材的屈服强度

D. 毛截面的平均应力达到钢材的屈服强度

2. 轴心受力构件的刚度通常以（   ）来衡量。

A. 长度　　　　　　　B. 杆件截面　　　　　C. 长细比　　　　　　D. 弹性模量

3. 验算刚度时，长细比应为（   ）。

A. 绕强轴的长细比　　　　　　　　　B. 绕弱轴的长细比

C. 两方向长细比的较大值　　　　　　D. 两方向长细比的较小值

4. 金茂大厦刚建成之初曾是世界第三高楼。它的建筑极具特色，它是我国（   ）为设计原型。

A. 杭州雷峰塔　　　B. 西安大雁塔　　　C. 山西应县木塔　　　D. 泉州东西塔

五、知识要点

轴心受力构件的强度与刚度	
1. 轴心受力构件的强度计算	2. 轴心受力构件的刚度计算

六、 常用公式

1. 轴心受力构件的强度计算

截面无削弱

$$\sigma = \frac{N}{A} \leqslant f$$

式中 A——构件的毛截面面积。

截面有削弱

$$\sigma = \frac{N}{A_n} \leqslant 0.7f_u$$

式中 A_n——构件的净截面面积。

2. 轴心受力构件的刚度计算

$$\lambda_{max} = (l_0/i)_{max} \leqslant [\lambda]$$

式中 i——截面回转半径；

l_0——杆件的计算长度。拉杆的计算长度取节点之间的距离；压杆的计算长度取节点之间的距离 l 与计算长度系数 μ 的乘积。

七、 讨论

受压构件和受拉构件的容许长细比为什么取值不一样？

八、 工程案例教学

哈尔滨万达茂滑雪乐园

万达茂滑雪乐园位于哈尔滨市松北区松花江畔，规划用地 20 公顷，规划总建筑面积约 30 万 m^2，其造型整体由西向东呈流畅的弧线上升，形似"高跟鞋"，灵动别致、华丽优雅，尽显冰城哈尔滨的独特韵味。效果图如图 4-6 所示。

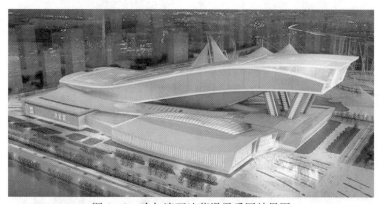

图 4-6 哈尔滨万达茂滑雪乐园效果图

万达茂滑雪乐园创多项世界纪录，超越迪拜室内滑雪场，全球规模最大。总面积为 7.7 万 m^2；雪道数量最多，包括 6 条高、中、初级雪道；雪道落差最大，垂直落差超过 80m；雪道长度最长,最长超 500m;用钢量最多,主体结构总用钢量约 3.5 万 t;容量最大,可同时容纳 1500 人滑雪。钢结构三维模型如图 4-7 所示。

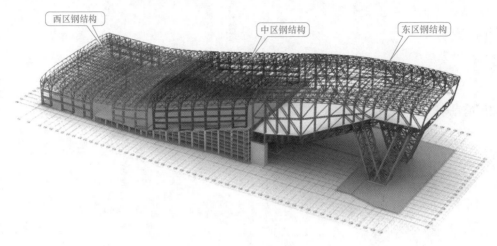

图 4-7 主体结构三维模型

该工程建筑面积为 7.7 万 m²,建筑高度达 114.5m,采用超大跨度门式钢架结构,纵向长度达 491.4m,最大跨度 151m,最高点高度 117.2m,其建筑体量、施工难度堪比"鸟巢",单层结构吊装高度创世界之最,施工中使用 1000t 起重机,创建筑结构吊装之最。钢屋盖滑移施工如图 4-8 所示。作为全球最大的室内滑雪场,万达茂滑雪乐园将成为哈尔滨的标志性建筑。华美的"高跟鞋"即将在松花江畔顾盼生姿,领舞冰城独特风韵。从此,冰雪娱乐不再局限于冬季。

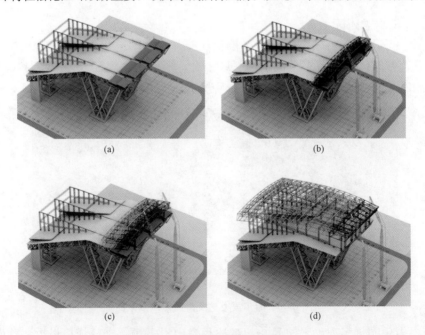

图 4-8 钢屋盖滑移施工流程

(a) 平台搭设完成;(b) 滑移分块拼装;(c) 滑移分块对接;(d) 全部钢屋盖滑移就位

为了更深入地了解哈尔滨万达茂室内滑雪场，提供与此相关的论文，分别展示了哈尔滨万达茂室内滑雪场在建设过程中所遇到的问题供参考。

1. 刘变利，李爱华. 哈尔滨万达茂滑雪乐园深化设计、制作及施工难点 [C] // 全国钢结构工程技术交流会. 2016.

本文详细介绍了滑雪乐园工程特点，并从节点、构件以及现场安装施工方面阐述钢结构深化设计难点，最后叙述了钢结构工程现场安装方法以及施工顺序。

2. 王哲. 万达茂滑雪场中部钢结构整体稳定性分析 [J]. 钢结构，2015，30（5）：36 - 39.

哈尔滨万达茂室内滑雪场主体采用大跨度钢结构。该工程钢结构的整体稳定分析为设计过程中的难点。本文以万达茂滑雪场中部钢结构为例，介绍其结构体系及受力特点。分别用不考虑初始缺陷及考虑初始缺陷的模型分析了钢结构的局部稳定及整体稳定；考虑材料非线性、几何非线性及生死单元，用显式动力分析的方法研究了结构的整体稳定。

3. 王强强，邢遵胜，豆德胜，等. 万达茂滑雪乐园中西区钢结构工程施工技术 [J]. 施工技术，2015，44（8）：5 - 8.

哈尔滨万达茂滑雪乐园项目设计为世界最大的室内滑雪场，滑雪场分中、西、东3个区，其中中西区为门形空间网格结构，主屋盖采取"分区提升"的施工方法进行安装，本文对本工程的施工重点难点和解决措施以及钢结构安装的几个关键技术做了详细的阐述，并对中西区现场施工方案进行了介绍。

4. 豆德胜，邢遵胜，贾尚瑞，等. 万达茂滑雪乐园中西区钢结构提升支撑系统设计 [J]. 施工技术，2015，44（8）：13 - 16.

本文主要对此工程中西区门形空间网格结构的提升支撑系统的设计进行了详细说明，并指出复杂混凝土条件下超高提升架的设计，提升架和底部混凝土梁的变形协调以及设置合理的混凝土加固措施等关键点。

第三节　轴心受压构件的整体稳定

一、问题引入

在前面已经学习了轴心受力构件的相关知识，接下来了解它在受压情况下整体稳定方面的表现，请思考以下问题：

轴心受压构件整体失稳时有哪几种屈曲形式？双轴对称截面的屈曲形式是怎样的？

📖 二、 课堂内容

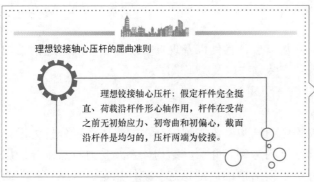

理想铰接轴心压杆的屈曲准则

理想铰接轴心压杆：假定杆件完全挺直、荷载沿杆件形心轴作用，杆件在受荷之前无初始应力、初弯曲和初偏心，截面沿杆件是均匀的，压杆两端为铰接。

● 当理想轴心受压构件截面上的平均应力低于钢材的屈服强度时，若由于其内力与外力之间不能保持平衡的稳定性，微小扰动即促使构件产生很大的弯曲变形或扭转变形或既弯又扭的弯扭变形而丧失承载能力，称这种现象为轴心受压构件丧失整体稳定性或屈曲。

屈曲形式

弯曲屈曲
只发生弯曲变形，截面绕一个主轴旋转

扭转屈曲
绕纵轴扭转

弯扭屈曲
即有弯曲变形也有扭转变形

● 理想轴心受压杆件丧失整体稳定性表现为因变形过大以至于不能继续承受荷载。 根据失稳变形特征， 轴心受压杆件的屈曲分为弯曲屈曲、 扭转屈曲以及弯扭屈曲。

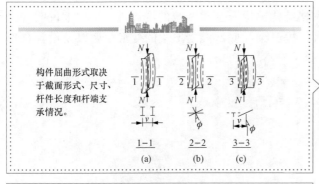

构件屈曲形式取决于截面形式、尺寸、杆件长度和杆端支承情况。

● 轴心受压杆件的屈曲形式可以通过截面形式判定。 双轴对称截面为弯曲屈曲； 十字形截面为扭转屈曲； 单轴对称截面的轴心受压构件绕非对称轴屈曲时为弯曲屈曲， 绕对称轴屈曲时为弯扭屈曲。

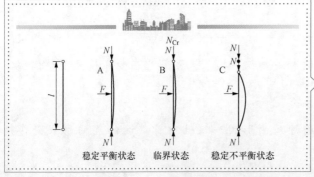

稳定平衡状态 　 临界状态 　 稳定不平衡状态

● 稳定平衡状态： 当 N 较小， 杆件因干扰产生变形， 撤去干扰后杆件变形恢复。 临界状态： 当 N 加大到某一临界值时， 除去干扰杆件变形不恢复， 但也不增大。 稳定不平衡状态： 当 N 超过该临界值， 即使除去干扰， 杆件的变形继续增大。

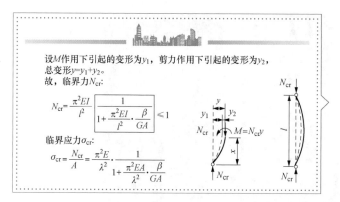

设 M 作用下引起的变形为 y_1，剪力作用下引起的变形为 y_2，总变形 $y=y_1+y_2$。

故，临界力 N_{cr}：

$$N_{cr}=\frac{\pi^2 EI}{l^2}\cdot\frac{1}{1+\frac{\pi^2 EI}{l^2}\cdot\frac{\beta}{GA}}\leqslant 1$$

临界应力 σ_{cr}：

$$\sigma_{cr}=\frac{N_{cr}}{A}=\frac{\pi^2 E}{\lambda^2}\cdot\frac{1}{1+\frac{\pi^2 EA}{\lambda^2}\cdot\frac{\beta}{GA}}$$

● 当 N 达到临界值时，构件处于微弯平衡状态，此时列平衡微分方程，可解得临界力 N_{cr} 的表达式；N_{cr} 除以构件截面面积 A，即为临界应力。临界力表达式中后一项用于考虑剪切变形导致的临界力降低。

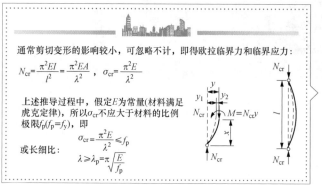

通常剪切变形的影响较小，可忽略不计，即得欧拉临界力和临界应力：

$$N_{cr}=\frac{\pi^2 EI}{l^2}=\frac{\pi^2 EA}{\lambda^2}，\quad \sigma_{cr}=\frac{\pi^2 E}{\lambda^2}$$

上述推导过程中，假定 E 为常量（材料满足虎克定律），所以 σ_{cr} 不应大于材料的比例极限 $f_p(f_p=f_y)$，即

$$\sigma_{cr}=\frac{\pi^2 E}{\lambda^2}\leqslant f_p$$

或长细比：

$$\lambda\geqslant\lambda_p=\pi\sqrt{\frac{E}{f_p}}$$

● 对于剪切刚度很大的杆件，其剪切变形很小，在计算临界力时，可忽略剪切变形的影响。同时该公式是在材料弹性状态下建立的，故临界应力不应大于材料的比例极限或屈服强度。

⚙ 三、钢结构赏析

📍 上海环球金融中心

上海环球金融中心（Shang hai global financial hub）是以日本的森大厦株式会社（Mori Building Corporation）为中心，联合日本、美国等 40 多家企业投资兴建的项目，总投资额超过 1050 亿日元（逾 10 亿美元）。原设计高 460m，工程地块面积为 3 万 m^2，总建筑面积达 38.16 万 m^2，比邻金茂大厦，如图 4-9 所示。环球金融中心大楼地上 101 层，地下 3 层，建筑主体高度达到 492m，比已建成的中国台北国际金融大厦主楼高出 12m。

刚建设之初，关于大楼顶部的风洞造型，引起了很大的争议。许多中国网友指出，大楼原方案之所以会修改，是因为许多上海、中国民众认为原设计方案看上去就像是两把日本刀架着日本国旗中的日之丸，而建商更是日本公司，遂向上海环球金融中心公司加压，甚至有民众抵制环球金融中心的建立。

关于环球金融中心设计的争议，除了其外形，还有高度排名。该工程于 1997 年开工，1997 年 8 月 27 日正式奠基，原设计高 460m，94 层，原本预计建成后将成为世界第一高楼，后来因受亚洲金融危机影响，工程一度停工了 6 年直到 2003 年 2 月 13 日，当时其设计高度已被其他摩天大楼建筑计划超越，复工后的大厦对设计方案进行了修改，比原来增加 32m（7层），即达到地上 101 层，从而使总高度达到 492m，但以美国权威建筑机构 CTBUH 所定的高度计算而言，仍低于已建成的台北 101 大楼（总高 509.2m），对此相关部门指出，台北

图 4-9　上海环球金融中心（图中左侧建筑）

101 的高度包括 60m 尖塔在内，就实体高度（大厦屋顶）而言，环球金融中心仍属世界第一，但又由于复工后其工程速度已不如阿拉伯联合酋长国的迪拜塔工程，至此计划定位为中国大陆第一高楼与世界第三高楼。

四、 随堂测验

1. 单轴对称的轴心受压柱，绕对称轴发生屈曲的形式是（　　）。

A. 弯曲屈曲　　　　B. 扭转屈曲　　　　C. 弯扭屈曲　　　　D. 三种屈曲均可能

2. 长细比较小的十字形轴压构件易发生屈曲形式是（　　）。

A. 弯曲屈曲　　　　B. 扭转屈曲　　　　C. 弯扭屈曲　　　　D. 斜平面屈曲

3. 为提高轴心受压构件的整体稳定，在杆件截面面积不变的情况下，杆件截面的形式应使其面积分布（　　）。

A. 尽可能集中于截面的形心处　　　　B. 尽可能远离形心

C. 任意分布，无影响　　　　D. 尽可能集中于截面的剪切中心

4. 上海环球金融中心大厦刚建成时是中国大陆最高的建筑，但随着时间的推移中国最高的建筑已经悄然改为（　　）。

A. 上海中心　　　　B. 广州西塔

C. 中国台北 101　　　　D. 南京紫峰大厦

五、 知识要点

轴心受压构件的整体稳定	
1. 稳定的基本概念	2. 轴心受压构件的屈曲形式
3. 理想轴心受压构件的整体稳定性	

六、常用公式

1. 欧拉公式

$$N_{cr} = \pi^2 EI / l^2$$

2. 轴心受压构件整体稳定性的计算公式

$$\frac{N}{A} \leqslant \frac{\sigma_{cr}}{f_y} \frac{f_y}{\gamma_R} = \varphi f$$

可写成：

$$\frac{N}{\varphi A} \leqslant f$$

3. 长细比计算公式

例如：截面形心与剪心重合的构件：当计算弯曲屈曲时长细比按下式计算：

$$\lambda_x = l_{0x} / i_x$$

$$\lambda_y = l_{0y} / i_y$$

式中　l_{0x}，l_{0y}——构件对主轴 x 和 y 的计算长度；

　　　i_x，i_y——构件截面对主轴 x 和 y 的回转半径。

七、讨论

轴心受压构件整体失稳承载力和哪些因素有关？

八、工程案例教学

杭州国际博览中心

杭州国际博览中心如图 4 - 10 所示，长约 432m，宽约 264m，单体建筑面积 85m²，是世界最大的单体建筑之一。杭州国际博览中心位于杭州市钱塘江南岸滨江区和萧山区两区分界的七甲河沿岸，集各种大中型展览、会议、餐饮、休闲等多功能、多空间为一体，建筑造型独特、富于变化。工程的地下结构为两层连体结构，地上结构通过防震缝将建筑分为 5 块。地上分块结构中，会展部分地上 3 层（每层均设夹层）；会议部分地上 6 层，屋面设有屋顶花园和城市客厅；附属办公楼部分有 3 栋高楼，高度分别是 72m、84m、100m。

图 4 - 10　杭州国际博览中心鸟瞰图

　　杭州国际博览中心工程由中建八局总承包施工，北京市建筑设计研究院设计。土方开挖总量约 250 万 m^2，可以填平钱塘江近 400m；总用钢量达 15 万 t，相当于 3.5 个北京"鸟巢"，囊括了钢结构建筑的所有技术形态；混凝土 60 万 m^2，可以填平 240 个标准游泳池；在其高 44m 的屋面上，还建有一个 6 万 m^2 的花园，相当于 142 个标准篮球场大小。

　　杭州国际博览中心体量巨大，结构复杂，工程主体部分采用钢管混凝土柱与大跨钢桁架组成的框架结构，屋顶花园钢结构采用曲面钢网壳和单层球壳，附属办公楼采用现浇混凝土框架-剪力墙结构。在初步设计过程中，主要面临以下问题：①大跨度；重荷载楼盖；②结构超长；③屋顶花园钢结构造型复杂；④附属办公楼高位转换层结构。现场钢结构施工如图 4-11 所示。

图 4-11　杭州国际博览中心钢框架现场施工图

　　屋顶花园城市客厅球面网壳跨度 60m，表面覆盖中空夹胶玻璃，由于玻璃尺寸的要求，所有的杆件长度都要限制在 2.3m 以内，采用短程线球面网壳是最佳选择。为追求纬线是平行的建筑效果，结构最终采用了联方型和凯威特型（K6）组合。网壳钢结构施工如图 4-12 所示。

图 4-12　杭州国际博览中心曲面网壳现场施工图

　　屋顶曲面网壳尺寸 200m×72m，中间无柱，局部开大洞，对结构的削弱非常大。通过计算分析，拟采用正放四角锥网壳，局部开洞处环向加强。

为了更深入地了解杭州国际博览中心，提供与此相关的论文，分别展示了杭州国际博览中心建设过程中所遇到的问题供参考。

1. 马洪步，沈莉，张燕平，等．杭州国际博览中心结构初步设计［J］．建筑结构，2011（9）：22 - 27.

本工程主体部分采用钢管混凝土柱与大跨钢桁架组成的框架结构，屋顶花园钢结构采用曲面钢网壳和单层球壳，附属办公楼采用现浇混凝土框架 - 剪力墙结构。本文介绍了初步设计中的一些关键性问题及相应的技术措施，包括荷载取值、结构分析与选型、超限情况及抗震性能化设计、结构超长论证分析等。

2. 葛杰，王桂玲，王玉岭，等．杭州国际博览中心大跨度钢管桁架施工技术研究［J］．钢结构，2016，31（8）：81 - 84.

杭州国际博览中心Ｖ区三层无柱展厅部分设有 14 榀 72m 跨梭形管桁架。桁架采取"地面拼装，整体抬吊"的方案进行安装，钢管桁架跨度大，受现场施工条件影响，桁架挠度变形等不确定因素较多，施工质量控制难度较大。本文针对该项目中大跨度钢管桁架施工特点，对钢管桁架的施工过程进行模拟分析，并对比分析钢管桁架施工完成状态与原设计状态下的结构响应差异，为合理确定构件在施工前的预起拱值提供依据。同时通过对大跨度钢桁架的施工方案分析，确保桁架杆件安装的精度以及施工过程的安全性和经济性。

3. 王化杰，钱宏亮，范峰，等．杭州国际博览中心单层球面网壳结构施工过程分析［J］．建筑结构学报，2014，35（s1）：83 - 88.

本文根据杭州国际博览中心超半球单层球面网壳结构特点及施工要求，确定"分条或分块安装"施工方案，并对分块吊装过程中的标准单元进行吊装分析，考察各吊装单元在吊装过程中的力学特性，采用所开发的施工全过程模拟技术建立了整个结构的施工仿真模型，并对其拼装方案和卸载方案进行了施工全过程分析，研究结构在施工过程中的力学响应规律。

第四节　初始缺陷对压杆稳定的影响

一、问题引入

谚语有云："金无足赤，人无完人。"本章里要讨论的对象（轴心受压杆件）也一样存在着不完美的缺陷。现在了解一下初始缺陷对压杆稳定的影响，请思考以下问题：

轴心受压构件的整体失稳承载力和哪些因素有关？其中哪些因素被称为初始缺陷？

二、课堂内容

力学缺陷：残余应力、材料不均匀等

初始缺陷

几何缺陷：初弯曲、初偏心等

● 残余应力主要是由钢材热轧以及板边火焰切割、构件焊接和校正调直等加工制造过程中不均匀的高温加热和冷却引起。实际轴心受压构件在制造、运输和安装过程中，不可避免地会产生微小的初弯曲。由于构造、施工和加载等原因，也可能产生一定程度的偶然初偏心。

残余应力产生的原因及其分布

产生的原因

(1)焊接时的不均匀加热和冷却
(2)型钢热轧后的不均匀冷却
(3)板边缘经火焰切割后的热塑性收缩
(4)构件冷校正后产生的塑性变形

● 焊接会导致不均匀的温度场，温度分布不均匀，构件收缩不同步，故产生了残余应力。构件产生残余应力的根本原因：不均匀的高温加热和不均匀的冷却。

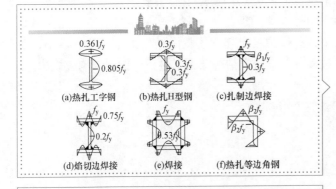

(a)热轧工字钢　(b)热轧H型钢　(c)扎制边焊接

(d)焰切边焊接　(e)焊接　(f)热轧等边角钢

● 残余应力的分布和大小与构件截面的形状、尺寸、制造方法和加工过程等有关。焊接残余应力数值最大，通常可达到或接近钢材的屈服强度 f_y。热轧或剪切钢板的残余应力较小，常可忽略。

实测的残余应力分布较复杂而离散，分析时常采用其简化分布图。

仅考虑残余应力影响的轴压柱的临界应力

根据前述压杆屈曲理论，当 $\sigma = N/A \le f_b = f_y - \sigma_{rc}$ 或 $\lambda \ge \lambda_p = \pi\sqrt{E/f_p}$ 时，可采用欧拉公式计算临界应力

当 $\sigma = N/A \le f_b = f_y - \sigma_{rc}$ 或 $\lambda \ge \lambda_p = \pi\sqrt{E/f_p}$ 时，截面出现塑性区，由切线模量理论知，柱屈曲时，截面不出现卸载区，塑性区应力不变而变形增加，微弯时截面的弹性区抵抗弯矩，因此，用截面弹性区的惯性矩 I_e 代替全截面惯性矩 I，即得柱的临界应力：

$$N_{cr} = \frac{\pi^2 EI_e}{l^2} = \frac{\pi^2 EI}{l^2} \cdot \frac{I_e}{I}, \quad \sigma_{cr} = \frac{\pi^2 E}{\lambda^2} \cdot \frac{I_e}{I}$$

● 影响轴心受压杆件整体稳定性的主要是构件纵向的残余应力，当 $\sigma_{cr} \ge f_p$ 时，残余应力的存在使构件的抗弯刚度由 EI 降低为 EI_e，导致构件的稳定承载力降低。

仅考虑残余应力影响的轴压柱的临界应力

柱屈曲可能的弯曲形式有两种：

沿强轴（x轴）和沿弱轴（y轴）

临界应力为：

对 $x-x$ 轴屈曲时：

$$\sigma_{cr}=\frac{\pi^2 E}{\lambda_x^2}\cdot\frac{I_{ex}}{I_x}=\frac{\pi^2 E}{\lambda_x^2}\cdot\frac{2t(kb)h^2/4}{2tbh^2/4}=\frac{\pi^2 E}{\lambda_x^2}\cdot k$$

对 $y-y$ 轴屈曲时：

$$\sigma_{cry}=\frac{\pi^2 E}{\lambda_y^2}\cdot\frac{I_{ey}}{I_y}=\frac{\pi^2 E}{\lambda_y^2}\cdot\frac{2t(kb)^3/12}{2tb^3/12}=\frac{\pi^2 E}{\lambda_y^2}\cdot k^3$$

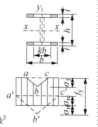

● 系数 k 是截面弹性区与全截面面积之比。残余应力对构件绕不同形心轴屈曲的临界应力影响程度不同，对弱轴 y 的影响比强轴 x 要严重得多。

初弯曲的影响

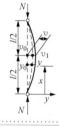 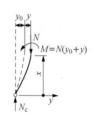

构件存在初弯曲时，在轴向压力N的作用下将产生附加弯矩，并且该附加弯矩随着变形的增大而逐渐增大。

● 假定：两端铰支压杆的初弯曲曲线为：

$$y_0=v_0\sin\frac{\pi x}{l}$$

式中　v_0——长度中点最大初始挠度

规范规定：$v_0\leqslant t/1000$

令：N 作用下的挠度增加值为 y，

由力矩平衡得：

$$-EI_y''=N(y+y_0)$$

初弯曲的影响

$$\sin(\pi x/l)\neq 0$$

$$-v_1 N_E+N(v_1+v_0)=0\quad\text{式中：}N_E=\pi^2 EI/l^2$$

因此：$$v_1=\frac{Nv_0}{N_E-N}$$

杆长中点总挠度为：

$$v=v_1+v_0=\frac{Nv_0}{N_E-N}+v_0=v_0\frac{1}{1-N/N_E}$$

● 由左侧公式可知，当 N 趋近于 N_E 时，杆长中点总挠度 v 趋近于无穷大，即杆件失稳。

初弯曲的影响

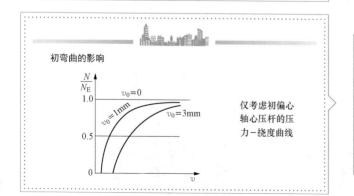

仅考虑初偏心轴心压杆的压力－挠度曲线

● 图中实线对应完全弹性构件。初弯曲的存在将使构件的临界应力降低，并且初弯曲越大，临界应力降低越多。

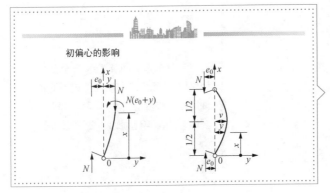

初偏心的影响

● 初偏心的存在，使得构件在 N 的作用下产生附加弯矩，该附加弯矩将使构件的稳定承载力降低。

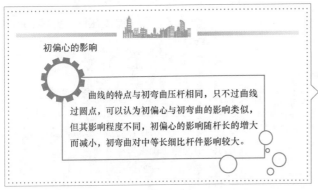

初偏心的影响

曲线的特点与初弯曲压杆相同，只不过曲线过圆点，可以认为初偏心与初弯曲的影响类似，但其影响程度不同，初偏心的影响随杆长的增大而减小，初弯曲对中等长细比杆件影响较大。

● 初弯曲、初偏心的影响略有区别，初弯曲对中等长细比杆件的影响较大，而初偏心对长细比较小的杆件影响较大。二者影响相似，规范只考虑初弯曲缺陷，用于反映初弯曲和初偏心两种缺陷的综合影响。

三、钢结构赏析

上海中心大厦

上海中心大厦，位于陆家嘴，建筑主体为 118 层，总高为 632m，其设计高度超过附近的上海环球金融中心，被称为中国第一高楼，远景如图 4-13 所示。上海中心大厦项目面积 433 954m²，结构高度为 580m，机动车停车位布置在地下，可停放 2000 辆。2016 年 3 月，上海中心大厦完工，直达 119 层观光平台的快速电梯也已安装完毕，其速度可达 18m/s，55s 可抵达 119 层观光平台。

图 4-13　上海中心大厦

上海中心大厦项目的筹备工作很早就已启动。2006 年 9 月，在上海环球金融中心"茁壮成长"之际，上海有关部门开始组织"上海中心"项目的招投标，包括国际著名的美国 SOM 建筑设计事务所、美国 KPF 建筑师事务所等都提交了设计方案，上海现代建筑设计集团也组织了集团内部的设计单位进行设计。

美国 SOM 建筑设计事务所、美国 KPF 建筑师事务所及上海现代建筑设计集团等多家国内外设计单位提交了设计方案，美国 Gensler 建筑设计事务所的"龙型"方案及英国福斯特建筑事务所"尖顶型"方案入围。经过评选，"龙型"方案中标，大厦细部深化设计以"龙型"方案作为蓝本，由同济大学建筑设计研究院完成施工图出图。

四、 随堂测验

1. 在下列因素中，（　　）对压杆的弹性屈曲承载力影响不大。

A. 压杆的残余应力分布　　　　　　　B. 构件的初始几何形状偏差

C. 材料的屈服点变化　　　　　　　　D. 荷载的偏心大小

2. 与轴压杆稳定承载力无关的因素是（　　　）。

A. 杆端的约束状况　　　　　　　　　B. 残余应力

C. 构件的初始偏心　　　　　　　　　D. 钢材中有益金属元素的含量

3. 钢结构产生残余应力的主要原因是钢材热轧、火焰切割、焊接、校正等加工制作过程中不均匀的高温加热和不均匀的冷却。一般温度高或冷却较慢的区域产生的残余应力和温度低或冷却较快的部分产生的残余应力分别为（　　　）。

A. 残余压应力、残余拉应力　　　　　B. 残余压应力、残余压应力

C. 残余拉应力、残余压应力　　　　　D. 残余拉应力、残余拉应力

4. 之前世界最快的电梯速度是迪拜的哈利法塔，速度达到了 17.4m/s，但现在这个记录已经被上海中心突破了，请问最新的世界纪录是（　　　）m/s。

A. 18　　　　　　　B. 20　　　　　　　C. 22　　　　　　　D. 19

五、 知识要点

初始缺陷对压杆稳定的影响

1. 初始缺陷的分类及其产生的原因　　　　　　2. 各种缺陷对整体稳定性的影响

六、 讨论

残余应力、初弯曲和初偏心对轴心压杆稳定承载力的主要影响有哪些？为什么残余应力在截面两个主轴方向对稳定承载能力的影响不同？

七、 工程案例教学

📍 上海浦东国际机场 T2 航站楼

上海浦东国际机场如图 4 - 14 所示，位于上海市浦东江镇、施湾、祝桥滨海地带，距上海市中心约 30km，距虹桥机场约 40km，浦东机场二期工程航站期总体规划和航站楼方案于

2003年9月30号开展国际征集。二期工程建设分为两个阶段,第一阶段即为建设T2航站楼、交通中心、总体道路以及相关的配套设施设计。

图4-14　上海浦东国际机场T2航站楼鸟瞰图

新建的T2航站楼基本功能布局为一个集中的中央处理主楼及一个前列式指廊。T2航站楼最基本的功能定位,就是其枢纽功能,为了满足要求,在候机长廊创造性地设计了3层式的候机模式以及多达26个可转换机机位。

新T2航站楼的巨型屋顶呈连续波浪型,有众多的巨型"Y"字形钢柱支撑,如图4-15所示。平面采用18m柱网,以"Y"字形分叉柱形成9m跨距的屋面钢梁和幕墙立柱,以及3m×1.2m的玻璃幕墙基本单元板块。

图4-15　巨型"Y"字形钢柱支撑

规模大,流程复杂,功能繁多,灵活性大是T2航站楼的主要特点。连续大跨度的曲线钢屋架构成了T2航站楼的主旋律。T2航站楼就像大鹏展翅翱翔于蓝天之上,寓意上海的发展已经进入一个平稳有序的新阶段。

为了对上海浦东国际机场有一个更深的了解,列出相关文献供参考。

1. 汪大绥,周健,刘晴云,等. 浦东国际机场T2航站楼钢屋盖设计研究 [J]. 建筑结构,2007 (5):45-49.

由于浦东国际机场T2航站楼采用了Y形柱支承的多跨连续张弦梁这一新型的结构体系,

为确保该结构的安全、合理、经济，本文叙述了采用模型风洞试验、数值风洞模拟和等效静力风荷载计算等方法确定屋面风荷载分布和大小，进行了考虑材料非线性和几何非线性的弹塑性整体稳定性分析及动力弹塑性时程分析，以研究钢屋盖的整体受力性能对一些创造性应用的节点，同时进行了足尺试验和有限元分析。

2. 汪大绥，周健，刘晴云，等. 浦东国际机场 T2 航站楼钢屋盖设计研究［J］. 建筑结构，2007（5）：45-49.

浦东国际机场 T2 航站楼主楼钢结构屋盖采用的 Y 形柱的稳定性能对整体结构的安全至关重要。本文通过对整体结构进行弹塑性大位移稳定性分析，针对 Y 形柱在不同荷载作用组合下的不同受力特点，采用考虑双折线材料模型、大位移几何非线性和初始几何缺陷的非线性计算方法，全面分析了竖向静力荷载下，X 向和 Y 向水平地震作用下 Y 形柱的整体稳定性能。

3. 周健，刘晴云，张耀康，等. 浦东国际机场 T2 航站楼主楼钢屋盖弹塑性时程分析［J］. 建筑结构，2007（5）：50-55.

浦东国际机场 T2 航站楼主楼钢屋盖为复杂大跨空间结构，本文采用有限元分析程序 ANSYS 对航站楼主楼包含下部混凝土框架和上部钢屋盖的整体结构进行了罕遇地震下三向地震波输入的弹塑性时程分析，跟踪了钢屋盖的节点位移、关键杆件应力、内力历程等动力反应，并加以分析比较，考察钢屋盖的弹塑性发展历程，根据分析结果对钢屋盖结构的抗震性能进行了评价，认为钢屋盖结构具有良好的抗震性能。

4. 张耀康. 柱顶理想铰节点在浦东国际机场 T2 航站楼钢屋盖结构中的应用和研究［C］// 全国现代结构工程学术研讨会. 2010.

浦东国际机场 T2 航站楼钢屋盖的 Y 形斜柱柱顶铰接节点若采用传统的单向销铰连接，无法满足转动变形和传力要求，本工程创造性地采用机械领域应用较为成熟的向心关节轴承实现柱顶的理想铰，本文通过节点足尺模型静力试验检验向心关节轴承承载能力，进而根据试验现象和结果进行了优化设计和改进，并采用有限元分析及试验验证优化效果。

第五节　实际受压构件的整体稳定计算

一、问题引入

"实践是检验真理的唯一标准"，通过学习了解了理论状态下轴心受压构件整体稳定的相关计算，但实际上又存在着很多和理论状态不一样的初始缺陷，下面去检验一下之前所了解的内容是否正确。请思考以下问题：

轴心受压构件的稳定系数 φ 为什么要按截面类型和形心主轴分成四类？同一截面关于两个形心主轴的截面类别是否一定相同？

二、课堂内容

01 实际轴心受压构件的柱子曲线

由于各种缺陷对不同截面、不同对称轴的影响不同，所以$\sigma_{cr}-\lambda$曲线（柱子曲线），呈相当宽的带状分布。

为减小误差以及简化计算规范在试验的基础上，给了四条曲线（四类截面）、并引入了稳定系数φ。

$$\varphi = \frac{\sigma_{cr}}{f_y}$$

● 残余应力、初弯曲以及初偏心的存在将导致构件稳定承载力的降低，但是具体影响有多大，很难得到一个定量的结果，并且各缺陷之间还存在相互的影响。从工程应用角度来说，很难直接通过欧拉公式考虑各缺陷的影响。因此引入稳定系数φ，将稳定问题转化为强度问题。

01 实际轴心受压构件的柱子曲线

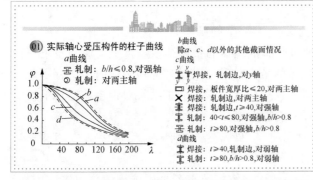

a曲线
- 轧制：$b/h \leq 0.8$，对强轴
- 轧制：对两主轴

b曲线
除a、c、d以外的其他截面情况

c曲线
- 焊接，轧制边，对y轴
- 焊接，板件宽厚比<20，对两主轴
- 焊接：轧制边，对两主轴
- 焊接：轧制边，$t \geq 40$，对强轴
- 轧制：$40<t<80$，对强轴，$b/h>0.8$
- 轧制：$t \geq 80$，对强轴，$b/h>0.8$

d曲线
- 焊接：$t \geq 40$，轧制边，对弱轴
- 轧制：$t \geq 80$，$b/h>0.8$，对弱轴

● 柱子曲线呈相当宽的带状分布，经过数理统计分析，把这条宽带分成四个窄带，以每一窄带的平均值曲线代表该窄带的柱子曲线，得到四条曲线。规范用表格的形式给出了这四条曲线的φ值，根据适用哪条曲线把轴心受压构件截面相应分为四类。

02 实际轴心受压构件的整体稳定计算

轴心受压构件不发生整体失稳的条件为，截面应力不大于临界应力，并考虑抗力分项系数γ_R后，即为：

$$\sigma = \frac{N}{A} \leq \frac{\sigma_{cr}}{\gamma_R} = \frac{\sigma_{cr}}{f_y} \cdot \frac{f_y}{\gamma_R} = \varphi f$$

即：$\dfrac{N}{\varphi A} \leq f$

式中 φ——稳定系数，可按截面分类和构件长细比查表得到。

● 设计时先确定截面所属类别，再查稳定系数表来求得φ值。

02 实际轴心受压构件的整体稳定计算

讨论：稳定问题与强度问题

$$\frac{N}{\varphi A} \leq f \quad , \quad \frac{N}{A_n} \leq f$$

形式上及其相似，意义截然不同

● 形式差异：
（1）前者采用全截面面积A，后者采用净截面面积A_n；
（2）前者相对后者多了一个系数φ。

本质差异：前者解决的是稳定问题（变形问题），后者解决的是强度问题。

02 实际轴心受压构件的整体稳定计算

稳定是变形的问题，而变形涉及的是整个杆件，在外荷载的作用下，每一个截面都会产生一个变形。每一个变形累加到一起，就变成总的变形，所以稳定问题是变形问题，是一个构件的整体问题，而螺栓孔对整体的影响较小。

强度校核的是某一个截面，所以，前面讲螺栓的时候要找最危险的截面，强度涉及的是一个截面的问题。

● 二者研究的对象不同。稳定研究的是杆件的整体，强度研究的是杆件某一个截面。

02 实际轴心受压构件的整体稳定计算

形式上及其相似，意义截然不同

$$\frac{N}{\varphi A} \le f \quad , \quad \frac{N}{A_n} \le f$$

φ 是临界应力的函数，而临界应力是外荷载与构件内部抵抗力由稳定平衡过渡到不稳定平衡时的平均应力，由于此时变形将急剧增长，因此此稳定计算必须根据其变形状态来进行，是一个变形问题。一个构件的变形取决于整个构件的刚度，而不取决于某一个分截面，因此说稳定问题是针对整个构件的。

● 采用欧拉公式便于理解稳定问题的本质以及影响稳定的因素，而采用类似强度计算的形式来计算稳定问题，则简单方便。

🔧 三、钢结构赏析

📍 天津高银 117 大厦

天津高银 117 大厦位于天津滨海高新技术产业园区，整个项目由中央商务区、配套居住区及天津环亚国际马球运动主题公园组成，规划占地面积约 196 万 m²，建筑面积约 233 万 m²，结构高度达到 596.5m，仅次于 828m 的阿联酋哈利法塔，成为世界结构第二高楼、中国在建结构第一高楼。高银 117 大厦是世界第 8 座、中国第 5 座超过 500m 的摩天大楼。

著名建筑大师暨巴马丹拿集团主席兼首席建筑师李华武先生，整个建筑方案设计运用了《易经》的智慧，采用负阴抱阳的设计理念。《易经》中奇数为阳，偶数为阴。《易经》认为，阳是充满活力和创造力的，数字 7 为"少阳"，因此大厦与数字"7"结缘，597m 与 117 层的高度与层数设计由此而生。大厦建筑效果如图 4-16 所示。

117 大厦方方正正，取四平八稳之意，四个立面略带弧度，美观大方。在设计上，大厦建筑外立面应用极简主义美学理念，整个建筑高耸云霄，犹如太阳冉冉升起。中西方文化的碰撞，激发出"无限生机"无限生机的设计灵感，寓意 117 大厦的蓬勃发展以及对未来的美好希冀。

📋 四、随堂测验

1. 与轴心受压构件的稳定系数 φ 有关的因素是（　　　　）。

图 4-16　天津高银 117 大厦建筑效果图

A. 截面类别、钢号、长细比

B. 截面类别、计算长度系数、长细比

C. 截面类别、两端连接构造、长细比

D. 截面类别、两个方向的长度、长细比

2. 轴压柱在两个主轴方向等稳定的条件是（　　）。

A. 稳定系数相等　　　　　　　　B. 计算长度相等

C. 长细比相等　　　　　　　　　D. 截面几何尺寸相等

3. 实腹式轴压杆绕 x，y 轴的长细比分别为 λ_x、λ_y，对应的稳定系数分别为 φ_x、φ_y，若 $\lambda_x = \lambda_y$，则（　　）。

A. $\varphi_x > \varphi_y$　　　　　　　　B. $\varphi_x = \varphi_y$

C. $\varphi_x < \varphi_y$　　　　　　　　D. 根据稳定性截面分类判别

4. "世界高楼"的四项指标指的是"最高建筑物""最高使用楼层""最高屋顶高度"和"最高天线高度"。天津高银 117 大厦也号称是中国最高的大楼，请问它指的是（　　）指标。

A. 最高建筑物　　　　　　　　　B. 最高使用楼层

C. 最高屋顶高度　　　　　　　　D. 最高天线高度

五、知识要点

实际受压构件的整体稳定计算	
1. 实际受压构件的稳定系数	2. 理想压杆（无缺陷）与实际压杆（有缺陷）的稳定计算公式
3. 对比分析稳定计算和强度计算的本质差异	

六、讨论

理想压杆与实际压杆的稳定计算公式，分别有哪方面的意义和价值？

七、 工程案例教学

上海世博会中国馆钢结构工程

2010 年上海世博会中国馆是上海世博会永久性场馆之一，也是上海世博会园区的核心建筑与点睛之笔。中国馆位于世博园区南北、东西轴线交汇处的核心地段，东接云台路，南邻南环路，北靠北环路，西依上南路，轨道 8 号线在基地西南角地下穿过。

中国馆由国家馆、地区馆和港澳台馆三个部分组成。国家馆高 63m，架空层高 33m，架空平台高 9m，最大平面尺寸为 138m×138m，建筑面积约为 2.7 万 m²。地区馆高 13m，建筑面积 4.5 万 m²，港澳台馆建筑面积约 3000m²。国家馆居中升起、层叠出挑，成为凝聚中国元素、象征中国精神的雕塑感造型主体——东方之冠。地区馆水平展开，以舒展的平台基座的形态映衬国家馆，成为开放、柔性、亲民、层次丰富的城市广场；二者互为对仗、互相补充，共同组成表达盛世大国主题的统一整体。钢结构施工如图 4-17 所示。

中国馆—地区馆为大型钢桁架结构，桁架按其结构形式可分为：平面桁架和四边形空间桁架。桁架杆件采用箱形或 H 形构件，腹杆与上下弦杆采取直接相贯焊接。桁架的外形尺寸大，单体重量重，四边形空间桁架外形尺寸为 （6500～11 100mm）×3400mm×3450mm，上下弦、腹杆均为 400mm×400mm 的箱形构件，最重达 50t。平面桁架外形尺寸（7911～18 982mm）×400mm×3450mm，上、下弦杆为 400mm×400mm 的箱形构件，腹杆为 400mm×400mm 箱形或 H 形构件，最重达 30t。中国馆钢结构工程示意图见图 4-18。

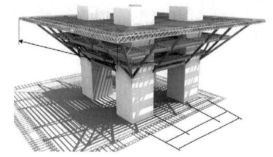

图 4-17 上海世博会中国馆现场施工图　　　图 4-18 中国馆钢结构工程示意图

为了对上海世博会中国馆钢结构有更好的了解，下面列出相关文献供参考。

1. 罗魏凌，项海龙，许银城．上海世博会中国馆钢结构工程施工技术 ［C］// 全国现代结构工程学术研讨会．2010.

由上海市机械施工有限公司承建的上海世博会中国馆工程国家馆为从 33.22m 开始外挑（外挑距离达 34.75m），总高度达 69.9m 的巨型"皇冠"状结构；地区馆为屋顶均由巨型桁架组成的 13m 高度的单层钢屋盖结构。施工过程以施工进度控制为关键，针对国家馆钢结构与核心筒混凝土结构同步交叉施工，地区馆钢结构安装在已建混凝土平台上，国家馆和地区馆同步垂直层叠施工，M8 线地铁从基坑西侧通过等各种复杂的施工工况，研制了一套国家馆四个核心筒布置四台大型塔吊定点就位安装、地区馆采用四台大型塔吊行走于混凝土楼板上综合安装钢屋盖的施工方法，铺开了施工作业面，取得了较好的施工效果，确保了施工工期和施工质量。

2. 杨兴富，高健，焦常科．世博中国国家馆钢结构施工过程模拟分析［J］．施工技术，2009，38（8）：41-43.

根据上海世博会中国馆区国家馆钢结构悬挑跨度大、悬挑区域高度大、国家馆和地区馆钢结构需同时施工而无法设置临时支撑等特点，本文提出了合理设置钢结构分段及利用自身结构体系承担自重、施工荷载等施工方案，将结构构件、荷载工况划分为7个施工阶段。同时对整个施工过程进行有限元模拟分析，通过计算分析调整钢结构施工顺序并设置钢结构安装过程中的预变形。

3. 邱锡宏．上海世博会中国馆工程施工技术［J］．建筑施工，2009，31（6）：411-413.

本文主要介绍了本工程施工技术管理与创新，然后从基坑围护与施工、钢结构吊装与焊接、桁架模板施工，最后介绍了绿色施工在本工程中的应用。

第六节 轴心受压构件的局部稳定

一、问题引入

"千里之堤，溃于蚁穴"，毫无疑问，为了更好地发挥"千里之堤"的整体稳定，必须防止由于"溃于蚁穴"而带来的局部稳定问题。道理是相通的，接下来了解一下轴心受压构件的局部稳定问题，请思考以下问题：

翼缘和腹板的局部稳定验算有哪些差异？局部稳定与整体稳定有什么样的相关性呢？

二、课堂内容

概念

在外压力作用下，截面的某些部分(板件)，不能继续维持平面平衡状态而产生凸曲现象，称为局部失稳。

● 钢结构中的轴心受压构件大多由若干矩形平面薄板组成，这些板件的厚度与板的宽度、长度相比都较小。如果板件过薄，则在压力作用下，板件将离开平面位置而发生凸曲现象，这种现象称为板件丧失局部稳定。

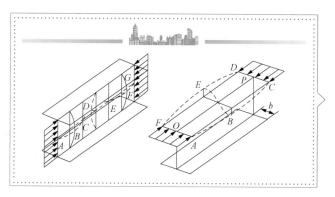

● 局部失稳是平面外的失稳。局部失稳虽然不会直接导致整体失稳，但将导致构件的整体稳定承载力降低。

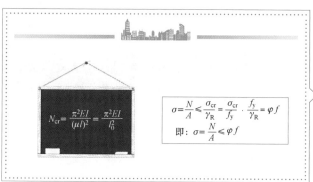

● 再一次对比认识理想压杆（无缺陷）与实际压杆（有缺陷）的整体稳定计算公式。

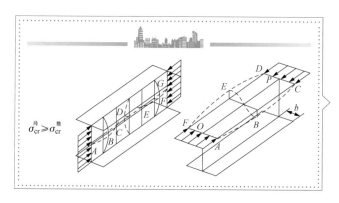

● 轴心受压构件的局部稳定设计原则：整体失稳之前不允许发生局部失稳。当腹板与翼缘发生局部失稳时，由于边界条件不同，相应的局部稳定承载力也有差异。

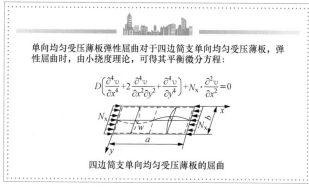

● 组成构件的各板件在连接处互为支承，支座也对各板件在提供支承约束。若支承对相连板件无转动约束能力，可视为简支。

单向均匀受压薄板弹性屈曲对于四边简支单向均匀受压薄板，弹性屈曲时，由小挠度理论，可得其平衡微分方程：

$$D\left(\frac{\partial^4 v}{\partial x^4}+2\frac{\partial^4 v}{\partial x^2 \partial y^2}+\frac{\partial^4 v}{\partial y^4}\right)+N_x \cdot \frac{\partial^2 v}{\partial x^2}=0$$

$$D=\frac{Et^3}{12(1-v^2)}$$

式中 v——板的挠度；

       D——板单位宽度的抗弯刚度；

       v——材料泊松比，$v=0.3$。

● 对于四边简支板，挠度 v 的解可用双重三角级数表示，即

$$v=\sum_{m=1}^{\infty}\sum_{n=1}^{\infty} A_{mn}\sin\frac{m\pi x}{a}\cdot\sin\frac{n\pi y}{b}$$

$$D\left(\frac{\partial^4 v}{\partial x^4}+2\frac{\partial^4 v}{\partial x^2 \partial y^2}+\frac{\partial^4 v}{\partial y^4}\right)+N_x \cdot \frac{\partial^2 v}{\partial x^2}=0$$

求解上式，并引入边界条件：

当 $x=0$ 和 $x=a$ 时：$w=0$

当 $y=0$ 和 $y=b$ 时：$w=0$

即得：

$$N_x=\frac{\pi^2 D}{b^2}\left(\frac{mb}{a}+\frac{n^2 a}{mb}\right)^2$$

式中 m, n——板屈曲时沿 x 轴和沿 y 轴方向的半波数。

● 式中，由于板四边简支，故其挠度均为 0，同时板失稳形式相当于正弦波，m、n 即为板失稳时沿长轴和短轴的半波数。

由于临界荷载是微弯状态的最小荷载，即 $n=1$（y 方向为一个半波）时所取得的 N_x 为临界荷载：

$$N_{crx}=\frac{\pi^2 D}{b^2}\left(\frac{mb}{a}+\frac{a}{mb}\right)^2=\frac{\pi^2 D}{b^2}k$$

式中 k——屈曲系数，$k=\left(\frac{mb}{a}+\frac{a}{mb}\right)^2$。

● 每一个 n 对应一个临界力 N_{crx}，而且由公式可知，当 n 越大，N_{crx} 越大。但是当轴压力达到最小的临界力时，即 $n=1$ 时，板件失稳。

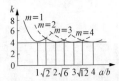

当 $a/b=m$ 时，k 最小；当 $a/b\geqslant 1$ 时，$k\approx 4$；所以，减小板长并不能提高 N_{cr}，但减小板宽可明显提高 N_{cr}。

$$N_{crx}=\frac{\pi^2 D}{b^2}\left(\frac{mb}{a}+\frac{a}{mb}\right)^2=\frac{\pi^2 D}{b^2}k$$

● k 为 a/b 的函数，根据 m 的取值，作 k-a/b 图。由图可知，当 a/b 大于 1 时，k 变化不大，即改变 a，不能提高 N_{cr}，但减小 b，虽不能增大 k，却可以通过减小分母而有效增大临界力。对于一般构件来讲，a/b 远大于 1，近似取 $k=4$。

对于其他支承条件的单向均匀受压薄板，可采用相同的方法求得k值，如下：

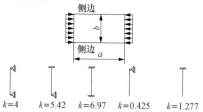

$k=4$　　$k=5.42$　　$k=6.97$　　$k=0.425$　　$k=1.277$

● 对于其他支承条件的构件，计算临界力时，仅仅是 k 取值的不同。由此可知，边界条件对于临界力的影响是非常大的。

综上所述，单向均匀受压薄板弹性阶段的临界力及临界应力的计算公式统一表达为：

$$N_{cr}=\chi \cdot \frac{\pi^2 D}{b^2} \cdot k$$

$$\sigma_{cr}=\frac{N_{cr}}{1\times t}=\frac{\chi \pi^2 Dk}{b^2 t}=\frac{\chi k\pi^2 E}{12(1-v^2)}\left(\frac{t}{b}\right)^2$$

式中 χ——板边缘的弹性约束系数。
①材料本身的性能
②边界的约束条件
③板的厚度和板的宽度

● χ 值的大小取决于相连板件的相对刚度。对于工形截面轴心受压构件，翼缘的面积和厚度都比腹板大得多，翼缘对腹板的弹性约束也大，而腹板对翼缘的弹性约束则较小。设计规范在综合考虑各种因素的影响后，对腹板取 $\chi=1.3$，对翼缘取 $\chi=1.0$。

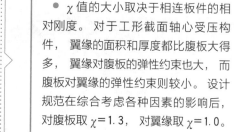

单向均匀受压薄板弹塑性屈曲应力。板件进入弹塑性状态后，在受力方向的变形遵循切线模量规律，而垂直受力方向则保持弹性，因此板件属于正交异性板。其屈曲应力可用下式表达：

$$\sigma_{cr}=\frac{\sqrt{\eta}\chi k\pi^2 E}{12(1-v^2)}\left(\frac{t}{b}\right)^2$$

式中 η——弹性模量析减系数。
由实验资料可得：

$$\eta=0.1013\lambda^2\left(1-0.0248\lambda^2 \cdot \frac{f_y}{E}\right)\frac{f_y}{E}$$

● 稳定问题也同样存在于混凝土结构中，但混凝土结构需要考虑裂缝发展，就应采用板件进入弹塑性阶段后所推导出的公式（左图所示）。

对于普通钢结构，一般要求：局部失稳不早于整体失稳，即板件的临界应力不小于构件的临界力，所以：

$$\frac{\sqrt{\eta}\chi k\pi^2 E}{12(1-v^2)}\left(\frac{t}{b}\right)^2 \geq \varphi f_y$$

● 将左图公式变形，就可得到板件宽厚比 b/t 的限值条件。当构件宽厚比 b/t 满足该条件时，构件的局部稳定就将得到满足。

三、 钢结构赏析

紫峰大厦

紫峰大厦位于南京市鼓楼区，发展商是上海绿地集团及南京市国有资产投资管理控股（集团）有限责任公司。紫峰大厦选址位于鼓楼广场，东至中央路，西至北京西路，周边区域有玄武湖、北极阁、鼓楼、明城墙等历史文物古迹；该地段是南京主城区的中心点及城市的制高点，周边远景尽收眼底：东可眺望紫金山、西可望长江、南有雨花台、北有幕府山。紫峰大厦远景如图4-19所示。

图4-19 晚霞中的紫峰大厦

紫峰大厦作为南京市地标性、在市民中具有极大知名度和高度认同感的城市公共活动中心的紫峰大厦，同时作为中国最发达地区之一的江苏省省会的标志性超高层建筑，它具有极大的辐射影响；该建筑形态新颖独特、空间开敞、环境优美、科技含量高、是具有超前先进技术的标志性建筑。

十朝古都南京的核心鼓楼广场，崛起的450m地标建筑绿地广场·紫峰大厦，则是由世界摩天大楼设计泰斗——美国SOM建筑事务所首席设计师AdrianD. 史密斯亲自担纲，在历史淤积深厚的南京，身为美国人的史密斯同样开始回归元文化，在查阅了大量南京的史料，深刻解读城市文化之后，史密斯设计师在建筑中融入了中国古老的蟠龙文化，蜿蜒流淌的扬子江以及花园城市的意象，独特的单元结构三角玻璃幕墙如龙鳞沿建筑盘旋而上，阳光下巨龙奋起，辉映南京的城市气质。

四、 随堂测验

1. 为防止钢构件丧失局部稳定性，常采取加劲措施，这一做法是为了（　　　）。

A. 改变板件的宽厚比　　　　　　　　B. 增大截面面积

C. 改变截面上的应力分布状态　　　　D. 增加截面的惯性矩

2. 轴心压杆构件采用冷弯薄壁型钢或普通型钢，其稳定性计算（　　）。

A. 完全相同　　　　　　　　　　　B. 仅稳定系数取值不同

C. 仅面积取值不同　　　　　　　　D. 完全不同

3. 轴心受压构件的局部稳定计算当采用整体失稳之前不发生局部失稳的设计准则时，通常采用（　　）来实现。

A. 限制最低钢材强度最低值　　　　B. 限制板件宽厚比

C. 限制构件的计算长度　　　　　　D. 限制材料的弹性模量最低值

4. 在南京，有一座山的山顶高度和紫峰大厦一样，请问是（　　）。

A. 紫金山　　　　B. 幕府山　　　　C. 将军山　　　　D. 牛首山

五、 知识要点

轴心受压构件的局部稳定	
1. 轴心受压构件的局部稳定的设计准则	2. 单向均匀受压薄板的屈曲
3. 受压薄板的屈曲后强度	4. 轴心受压构件的局部稳定计算

六、 讨论

目前关于轴心受力构件的局部稳定性计算采用哪两种准则？这两种准则有什么本质上的区别？

七、 工程案例教学

深圳当代艺术馆与城市规划展览馆

深圳当代艺术馆与城市规划展览馆，位于市民中心北侧，是深圳最后一个重大公益文化项目。玻璃、冲孔板、石材三种表皮材料，利用钢结构系统彼此延伸扭转，形成复杂而充满生命力的建筑体。其极具造型感的灯光设计为深圳打造了一块晶莹剔透的城市"巨石"。优美的造型如图 4-20 所示。

图 4-20　深圳当代艺术馆与城市规划展览馆鸟瞰图

深圳当代艺术馆与城市规划展览馆南临市民中心，北靠少年宫，西向深圳书城，是福田区最后一个重大公共建筑项目，工程建成后将成为深圳市文化设施的新地标。该建筑高度40m，地下局部2层，地上5层，总建筑面积89 355m²，其中地上部分钢结构用钢量近2万t。钢结构施工采取"地面散件拼装——高空胎架支撑单元体原位安装——结构分区分段卸载"的方法，遵循"先内后外、先南后北"的顺序。首次吊装的钢结构位于南部的当代艺术馆，吊装的单体组合构件重约8t。钢结构如图4-21所示。

图4-21 当代艺术馆内部钢结构示意图

深圳两馆钢结构复杂，集大悬挑桁架结构、深圳湾体育中心空间异面弯曲结构和超高层核心筒——框架结构体系于一体。此外，高空施工采用的支撑胎架达到4000t，空间曲面结构大幅增加了施工难度。由于建筑采用了大跨度的桁架结构，从而产生大跨度的空间，在展览大厅内可进行灵活自由的柱网布置。这个桁架结构还顺应了上部的艺术馆展览空间的屋顶采光设想，过滤过的自然光可射入从而照明。表皮结构是由拉伸的钢所编织成的网状结构，这个结构可以自承重并且自独立于它所附着的艺术馆空间。这些表皮结构浇灌在地面上的混凝土梁上，梁则依次由柱支撑，并且柱子都位于其所支撑的梁的中心线上，柱子把承重通过梁传递给大地。遍布在建筑各处的筒状钢筋混凝土墙也对结构起了整体巩固的作用。建筑由深圳当代艺术馆与城市规划展览馆两部分组成，相互独立又有机统一。此设计工作，也是利用BIM方式来进行灯光设计工作的有效尝试。

为了更深入地了解深圳当代艺术馆与城市规划展览馆，提供了与此相关的论文，分别从建筑设计和工程技术等方面展示当代艺术馆与城市规划展览馆建设过程中所遇到的问题，供参考。

1. 谢亚驹，李安，陈虎，等. 深圳当代艺术馆与城市规划展览馆大跨度空中连廊设计［C］// 全国建筑结构技术交流会．2015.

深圳当代艺术馆与城市规划展览馆中有许多空间结构构件，其中连廊不仅造型独特，而且其结构受力及舒适度分析尤为复杂，与支座搭接处的节点设计也具备很高的挑战性。空中连廊位于建筑中央，是连接PE、CA馆及云雕塑的枢纽中心，代表的是建筑的设计核心概念。

2. 张良平，马臣杰，杨鸿，等. 深圳当代艺术馆与城市规划展览馆结构设计综述［J］.

建筑结构，2011（4）：20-23.

深圳市当代艺术馆与城市规划展览馆为体型特别复杂的结构，包含空间倾斜面、扭曲面、旋转曲面和大悬挑结构，主楼和外表皮钢结构既相互独立又相互联系，空间关系复杂。本文介绍了项目的结构形式和结构设计技术要点。

3. 郑竹，许璇，杨鸿，等. 三维建模软件 Digital Project 在深圳当代艺术馆与城市规划展览馆项目中的应用［J］. 钢结构，2012（s1）：44-49.

三维数字化建模软件在工程中的应用是当前工程应用中的一个热点。该文重点介绍 Digital Project 软件在深圳当代艺术馆与城市规划展览馆钢结构的应用探索，从而为三维建模软件在钢结构中的应用提供有益参考。

第七节　格构式轴心受压构件设计

① 一、问题引入

"百见不如一干"和"学以致用"，说的都是要学会运用所拥有的东西。本章学习了很多有关轴心受压构件的知识，接下来试着进行格构式轴心受压构件的相关设计，请思考以下问题：

格构式轴心受压构件绕虚轴、实轴的验算有怎么的差异？如何考虑整体稳定与分肢稳定的相关性？

二、课堂内容

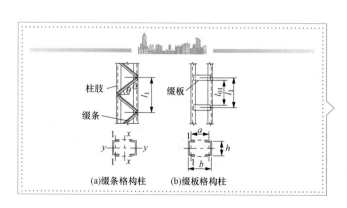

(a)缀条格构柱　(b)缀板格构柱

● 格构式轴心受压构件由肢件和缀材组成。肢件通常采用槽钢、角钢、H 型钢，缀材有缀条和缀板两种类型，相应格构式柱称为缀条柱和缀板柱。缀条常采用单角钢或槽钢，斜向布置，有时还需增加横向缀条。缀板常采用钢板。

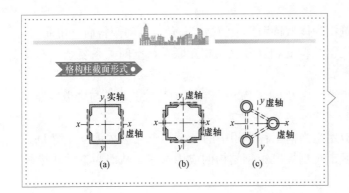

格构柱截面形式

● 与分肢相交的轴称为实轴。 与缀材平面垂直的轴称为虚轴。 长度较大且受力较小的轴心受压构件, 可采用由四个角钢为分肢的四肢构件, 此时截面形心主轴都是虚轴。 桅杆有时采用由三个钢管为肢件的三肢构件。

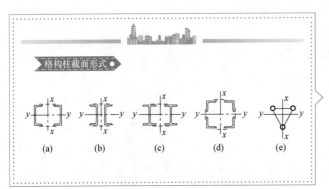

格构柱截面形式

● 当绕实轴丧失整体稳定时, 格构式双肢轴心受压构件相当于两个并列的实腹构件, 此时的抗剪刚度大, 由横向剪力引起的构件变形很小, 可忽略不计。 当绕虚轴丧失整体稳定时, 剪力要由比较柔弱的缀材承受, 由剪力引起的构件变形较大, 使构件的稳定承载力降低。

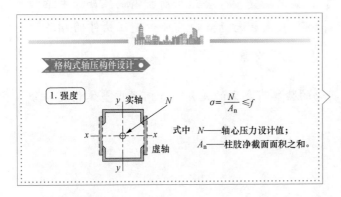

格构式轴压构件设计

1. 强度

$$\sigma = \frac{N}{A_n} \leqslant f$$

式中 N——轴心压力设计值;
A_n——柱肢净截面面积之和。

● 格构式轴心受压构件的设计同样涉及强度、 刚度、 稳定性三个方面。 格构式轴心受压构件的强度验算应采用净截面面积 A_n。

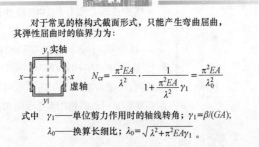

对于常见的格构式截面形式, 只能产生弯曲屈曲, 其弹性屈曲时的临界力为:

$$N_{cr} = \frac{\pi^2 EA}{\lambda^2} \cdot \frac{1}{1 + \frac{\pi^2 EA}{\lambda^2}\gamma_1} = \frac{\pi^2 EA}{\lambda_0^2}$$

式中 γ_1——单位剪力作用时的轴线转角; $\gamma_1 = \beta/(GA)$;
λ_0——换算长细比; $\lambda_0 = \sqrt{\lambda^2 + \pi^2 EA\gamma_1}$。

● 常见的格构式受压构件截面至少具有两个对称轴, 往往发生弯曲屈曲。 因此计算其整体稳定时, 只需计算绕实轴和虚轴抵抗弯曲屈曲的能力。 此时采用欧拉公式计算整体稳定临界力时, 需要判断是否考虑构件剪切变形的影响。

绕 y 轴（实轴）弯曲屈曲时，腹板承受剪切力，因此 γ_1 很小，可忽略剪切变形，其弹性屈曲时的临界应利为：

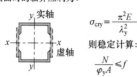

$$\sigma_{cry} = \frac{\pi^2 E}{\lambda_y^2}$$

则稳定计算：

$$\frac{N}{\varphi_y A} \leq f$$

式中　φ_y——由 λ_y 并按相应的截面分类查的。

● 构件绕实轴失稳时，剪切变形很小，可以忽略，故其整体稳定计算与实腹式构件相同，即求解临界应力时代入的是长细比 λ。也可以通过 λ 查找稳定系数 φ，进而对工程中轴压构件的整体稳定性进行验算。

绕 x 轴(虚轴)弯曲屈曲时，因缀材的剪切刚度较小，剪切变形大，γ_1 则不能被忽略，因此：

$$N_{crx} = \frac{\pi^2 EA}{\lambda_x^2} \cdot \frac{1}{1 + \frac{\pi^2 EA}{\lambda_x^2}\gamma_1} = \frac{\pi^2 EA}{\lambda_{0x}^2}$$

$$\lambda_{0x} = \sqrt{\lambda_x^2 + \pi^2 EA\gamma_1}$$

式中　λ_{0x}——绕虚轴的换算长细比；

则稳定计算：

$$\frac{N}{\varphi_x A} \leq f$$

式中　φ_x——由 λ_{0x} 并按相应的截面分类查的。

● 构件绕虚轴失稳时，由于缀材不连续，抗剪刚度较弱，故不可忽略剪切变形带来不利影响。此时，计算获得换算长细比 λ_{0x}，利用实腹式轴心受压构件整体稳定的计算公式，但应以 λ_{0x} 按相应截面类别求 φ 值。

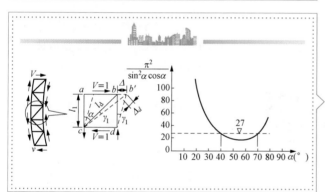

● $\lambda_{0x} = \sqrt{\lambda_x^2 + \dfrac{\pi^2}{\sin^2\alpha\cos\alpha} \cdot \dfrac{A}{A_1}}$

由于 $\pi^2/(\sin^2\alpha\cos\alpha)$ 与 α 的关系曲线如下对于一般构件，α 在 $40° \sim 70°$ 之间。

所以规范给定的 λ_{0x} 的计算公式为：

$$\lambda_{0x} = \sqrt{\lambda_x^2 + 27\frac{A}{A_1}}$$

当 α 超出以上范围时应按原式计算。

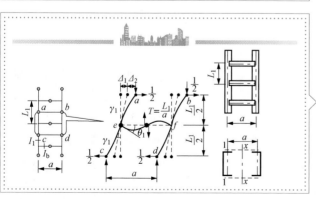

● 双肢缀板柱

假定：

缀板与肢件刚接，组成一多层刚架；

弯曲变形的反弯点位于各节间的中点；

只考虑剪力作用下的弯曲变形。

取隔离体如左图。

缀板柱可视为多层刚架。假定它在整体失稳时，各层分肢中点和缀板中点为反弯点。

由于规范规定 $k_b/k_1 \geq 6$ 这时：$\dfrac{\pi^2}{12}\left(1+2\dfrac{k_1}{k_b}\right) \approx 1$

所以规范规定双肢缀板柱的换算长细比按下式计算：

$$\lambda_{0x}=\sqrt{\lambda_x^2+\lambda_1^2}\,,\quad \lambda_1=\lambda_{01}/i_1$$

式中　λ_x——整个构件对 x 轴(虚轴)的长细比；

λ_1——分肢对最小刚度轴 1—1 的长细比；

λ_{01}——分脚计算长度，焊接时，取相邻缀板件净距离；螺栓连接时，取相邻两缀板边缘螺栓的距离。

● 根据《钢结构设计标准》（GB 50017—2017）的规定，缀板线刚度之和 K_b 应大于分肢线刚度的 6 倍，即 $K_b/K_1 \geq 6$。

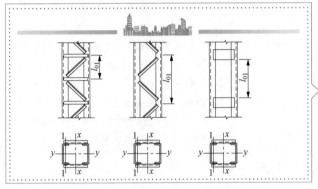

● 格构柱在两个缀条或缀板相邻节点之间的单肢是一个单独的轴心受压实腹构件。

它的长细比为 $\lambda_1=l_{01}/i_1$。

其中，l_{01} 为计算长度，对缀条柱取缀条节点间的距离，对缀板柱焊接时取缀板间的净距离；螺栓连接时，取相邻两缀板边缘螺栓的最近距离；

i_1 为单肢的最小回转半径，即图中单肢绕 1—1 轴的回转半径。

● 为了保证单肢的稳定性不低于柱的整体稳定性，对于缀条柱应使 λ_1 不大于整个构件最大长细比 λ_{max}（即 λ_y 和 λ_{0x} 中的较大值）的 0.7 倍；

对于缀板柱，由于在失稳时单肢会受弯矩，所以对单肢 λ_1 应控制得更严格些，λ_1 应不大于 40，也不大于整个构件最大长细比 λ_{max} 的 0.5 倍（当 $\lambda_{max} < 50$ 时，取 $\lambda_{max}=50$）。

01 轴心受压格构柱的横向剪力

构件在微弯状态下，假设其挠曲线为正弦曲线，跨中最大挠度为 v，则沿杆长任一点的挠度为：

$$y=v\sin\dfrac{\pi z}{l}$$

● 当格构式轴心受压构件绕虚轴弯曲时，产生的剪力由缀材承担。进行缀材设计时，为了便捷，取剪力沿构件长度方向为常值。

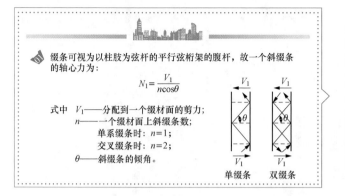

缀条可视为以柱肢为弦杆的平行弦桁架的腹杆，故一个斜缀条的轴心力为：

$$N_1 = \frac{V_1}{n\cos\theta}$$

式中 V_1——分配到一个缀材面的剪力；
　　　n——一个缀材面上斜缀条数；
　　　　　单系缀条时：$n=1$；
　　　　　交叉缀条时：$n=2$；
　　　θ——斜缀条的倾角。

● 缀条柱的每个缀材面如同一平行弦桁架，缀条按桁架的腹杆进行设计。

由于剪力的方向不定，斜缀条应按轴压构件计算，其长细比按最小回转半径计算；

斜缀条一般采用单角钢与柱肢单面连接，设计时钢材强度应进行折减，同教材；

单缀条体系为减小分肢的计算长度，可设横缀条(虚线)，其截面一般与斜缀条相同，或按容许长细比$[\lambda]=150$确定。

● 由于构件失稳时的弯曲变形方向可能向左或向右，横向剪力的方向也将随着改变，因此斜缀条可能受压或受拉。设计时应取不利情况，按轴心受压构件设计。

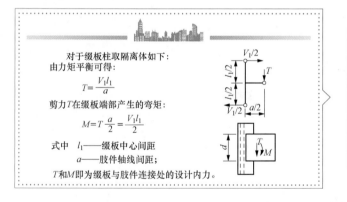

对于缀板柱取隔离体如下：
由力矩平衡可得：

$$T = \frac{V_1 l_1}{a}$$

剪力T在缀板端部产生的弯矩：

$$M = T\frac{a}{2} = \frac{V_1 l_1}{2}$$

式中 l_1——缀板中心间距；
　　　a——肢件轴线间距；
T和M即为缀板与肢件连接处的设计内力。

● 缀板与分肢间的搭接长度一般取$20\sim30$mm，采用角焊缝相连，角焊缝承受剪力和弯矩的共同作用。缀板应有一定的刚度。

三、钢结构赏析

香港国际金融中心

　　香港国际金融中心（简称国金；英文：International Finance Centre，IFC）是香港作为世界级金融中心的著名地标，位于香港岛中环金融街 8 号，面向维多利亚港。由地铁公司（今港铁公司）及新鸿基地产、恒基兆业、香港中华煤气及中银香港属下新中地产所组成的 IFC Development Limited 发展、著名美籍建筑师 César Pelli 及香港建筑师严迅奇合作设计而成，总楼面面积达 43.6 万 m²。现为恒基集团和香港金融管理局的总部所在地，如图 4 - 22 所示。

图 4 - 22　香港国际金融中心

1990 年代，港英政府宣布香港机场核心计划，计划包括兴建机场快线连接香港国际机场与中环，并在港岛中环对开的维多利亚港进行填海工程，以兴建地铁香港站。香港站上盖则计划兴建多座商业大厦、酒店及商场，即现在的国际金融中心。工程把部分原有设施，如卜公码头及统一码头拆卸，并兴建了多条新道路连接新建筑物。发展商为计划的设计举行建筑设计比赛，由美国籍建筑师 César Pelli 胜出。

四、 随堂测验

1. 格构式轴压构件绕虚轴的稳定计算采用了大于 λ_x 的换算长细比 λ_{0x} 是考虑（　　　）。

A. 格构式构件的整体稳定承载力高于同截面的实腹构件

B. 考虑强度降低的影响

C. 考虑单肢失稳对构件承载力的影响

D. 考虑剪切变形的影响

2. 格构式轴压柱等稳定的条件是（　　　）。

A. 实轴计算长度等于虚轴计算长度

B. 实轴计算长度为虚轴计算长度的 2 倍

C. 实轴长细比等于虚轴长细比

D. 实轴长细比等于虚轴换算长细比

3. 为保证格构式构件单肢的稳定承载力，应（　　　）。

A. 控制肢间距

B. 控制截面换算长细比

C. 控制单肢长细比

D. 控制构件计算长度

4. 格构式柱中缀材的主要作用是（　　　）。

A. 保证单肢的稳定

B. 承担杆件虚轴弯曲时产生的剪力

C. 连接肢件

D. 保证构件虚轴方向的稳定

5. 香港素有"东方之珠""美食天堂"和"购物天堂"等美誉，请问（　　）回到了祖国母亲的怀抱。

A. 1997 年 7 月 1 日 　　　　　　　　　B. 1999 年 12 月 20 日

C. 1978 年 11 月 12 日 　　　　　　　　D. 1980 年 8 月 26 日

五、　知识要点

格构式轴心受压构件设计	
1. 格构式轴心受压构件的组成	2. 格构式轴心受压构件的缀条形式
3. 格构式轴心受压构件绕实轴的整体稳定	4. 格构式轴心受压构件绕虚轴的整体稳定
5. 格构式轴心受压构件分肢的稳定和强度计算	6. 格构式轴心受压构件缀件的设计
7. 格构式轴心受压构件的截面设计	

六、　讨论

格构式轴心受力构件相比于实腹式轴心受力构件，在设计上有什么不同？

七、　工程案例教学

杭州湾跨海大桥海中平台改造项目建筑工程

杭州湾跨海大桥海中平台（Hangzhou Bay Sea - crossing Bridge The Sea Platform）位于杭州湾跨海大桥中部海面，南航道桥以南 1.7km，大桥东侧约 150m 的海面，以匝道与大桥相连，距大桥南岸约 18km。在杭州湾大桥建设期间，海中平台是用来进行工程测量、应急救援以及物资堆放的。大桥落成后，海中平台进行了全面改造，成为一个海中观景平台，如图 4 - 23 所示。目前，该平台是世界唯一一座海上旅游观光区，总建筑面积为 41 700m²，由观光平台和观光塔两部分组成。海中平台总投资约 5.8 亿元，整体建筑占据椭圆形海面面积 1.2 万 m²，东西长

图 4 - 23　杭州湾跨海大桥海中平台

148m，南北宽99m，总建筑面积4.17万 m²。

　　海中平台景区整体建筑蓝白相间，观光平台为高24m的6层钢结构主体建筑，呈现"大鹏展翅腾飞"的三角形造型，如图4-24所示。第一、第二层为停车场，共计有停车位300个。第三层为主游览层，设计有敞开式户外观景区，室内则有咖啡厅、多媒体影院、大桥博物馆等。第四至六层为内围式的建筑结构，第四层是购物、餐饮区、中庭为活动广场，第五层为五星级的宁波海天一洲大酒店组成，大酒店共设有大小27间海景客房、一间可容纳60人与会的会议及宴会场所、一间餐饮包厢、一个钢琴吧以及一间接见室，第六层则是管理用房、监控与通信机房。

图4-24　杭州湾跨海大桥海中平台效果图

　　观光平台通过长约42m的栈桥与观光塔相连。电梯可直通观光塔第15层的滨海观光廊，楼梯可至第16层的观光廊，观光塔高145.6m，绝对标高157.4m。观光廊为360°全景式，可观看钱塘江大潮和附近的嘉兴港，同时还可以眺望栖息着各种鸟类的杭州湾湿地。

　　杭州湾跨海大桥海中平台改造项目工程由平台、观光塔以及连接栈桥组成，平台成椭圆形，下部为钢框架支撑体系，底部3层为钢管混凝土柱，柱内设置钢筋套笼，标高24.2m以下浇注C40海工混凝土，楼板采用钢筋混凝土现浇楼板，板厚150mm，浇注C30海工混凝土。上部结构造型为大鹏展翅，采用焊接球网架结构，鸟翼部分采用3层悬挑网架，其余部分采用双层网架。平台建筑面积为36 616.73m²，建筑高度为24m。观光塔位于海中平台的东侧，为筒体结构，筒体由半径4.6m圆上均匀分布的8根柱及柱间支撑等共同构成，其平面布置为八边形。筒体柱的筒体中部有部分为变截面柱，塔外柱及核心筒内部浇注C40海工混凝土至21.57m标高处。观光塔建筑面积为5100.42m²，地上16层，建筑高度为145.6m。

　　为了对杭州湾跨海大桥海中平台改造项目建筑工程有更好的了解，下面列出相关文献供参考。

1. 王仁贵，王梓夫，吴伟胜，等．杭州湾跨海大桥海中平台设计［C］// 中国公路学会桥梁和结构工程分会 2005 年全国桥梁学术会议论文集．2005.

文章对平台设计的主要技术标准、地质条件进行了介绍，对一层平台的设计原则、基础设计、主梁设计、节点设计，以及面板和铺装层进行了详细说明，也对上部建筑设计做了简单的描述。

2. 黄立夏，范鹏涛，童林浪．杭州湾跨海大桥海中平台施工技术总结［C］// 全国钢结构工程技术交流会．2012.

文章阐述了钢结构安装方案，总结了防腐涂装、测量控制、焊接质量控制及 TMD 系统安装等主要施工工艺；并重点介绍了塔式起重机的基础设计、塔式起重机附墙设计、网架安装及幕墙施工等关键施工安全技术措施，正是这些合理的措施有力地保证了工程的顺利完工。

3. 李建洪，洪国松．杭州湾跨海大桥海中平台钢结构施工技术［J］．施工技术，2009，38（1）：18-21.

受海上大风、大雾、大雨等恶劣天气的影响及海中建筑施工场地狭窄的限制，杭州湾跨海大桥海中平台和观光塔施工存在较多难点。本文通过三种施工方案指标及利弊的对比分析，决定平台采用 3 台固定式塔吊、观光塔采用外附塔吊的施工方案。同时对实施方案中塔吊安拆及抗风性能进行验算，确定合理吊装顺序、焊接防风措施及测量方案，成功克服了塔吊基础的设置及构件的垂直运输、大风及海洋气候条件焊接等一系列难题，有效保证了钢结构安装进度、质量及安全。

第五章 受弯构件

第一节　受弯构件的形式和应用

🔋 **一、问题引入**

在上一章了解了"积木"其中的"轴心受力构件"，本章将了解另一种"积木"——受弯构件。为了了解受弯构件的形式与应用，请思考以下问题：

什么是受弯构件？主要分为哪几大类？

📋 **二、课堂内容**

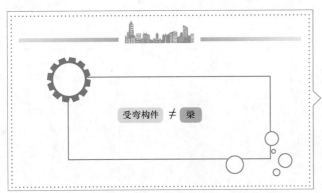

受弯构件 ≠ 梁

● 受弯构件：主要用以承受弯矩作用或弯矩与剪力共同作用的平面构件，其截面形式有实腹式和格构式两大类。实腹式受弯构件通常称为梁，格构式受弯构件称为桁架。

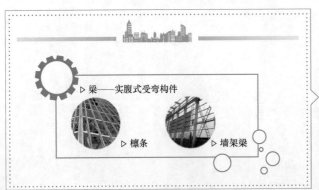

▷ 梁——实腹式受弯构件

▷ 檩条　　▷ 墙架梁

● 钢梁应用广泛，例如房屋建筑中的楼盖梁、墙架梁、檩条，工业建筑中的吊车梁和工作平台梁，水工钢闸门的主梁和次梁，以及海上采油平台梁。

● 楼盖、工作平台，以及水工钢闸门通常由主梁和次梁等纵横交叉连接组成梁格（或称交叉梁系），并在梁格上铺放直接承受荷载的钢或钢筋混凝土面板。

● 钢梁按制作方法可以分为型钢梁和组合梁两大类，型钢梁又可分为热轧和冷成型两类。组合梁则是多块钢板通过焊接或螺栓连接形成需要的截面形式。这里要与钢与混凝土组合梁有所区分，不要混淆。

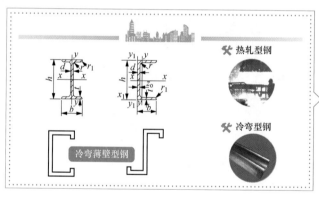

● 热轧型钢梁常用普通工字钢、槽钢或 H 型钢做成。对承受荷载较小和跨度不大的梁，可用带有卷边的冷成型薄壁槽钢或 Z 型钢制作，可以显著降低钢材用量，但要特别注意防腐。

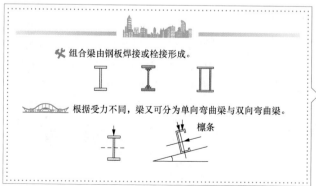

● 当型钢规格不能满足承载能力或刚度的要求时，应采用由钢板、型钢等制成的组合梁。组合梁截面的组成比较灵活，可使材料在截面上的分布更为合理。

▷ 组合

钢与混凝土组合结构

● 组合梁最常用的是由三块钢板焊接的工字形截面组合梁，它的构造简单，制造方便，经济性好。对于荷载较大而高度受到限制的梁，可考虑采用双腹板的箱形梁，它具有较高的抗扭刚度。

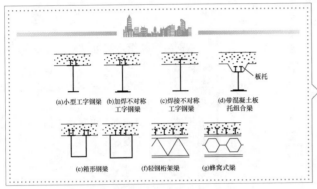

(a)小型工字钢梁 (b)加焊不对称 工字钢梁 (c)焊接不对称 工字钢梁 (d)带混凝土板 托组合梁 板托

(e)箱形钢梁 (f)轻钢桁架梁 (g)蜂窝式梁

● 混凝土和钢材分别宜于受压和受拉。采用钢与混凝土组合梁，可以发挥出混凝土受压强度高，钢材抗拉性能好的特点，经济效果较好。
图中问题：在支座处，形成了负弯矩区，负弯矩区上部的混凝土受拉，钢与混凝土组合梁性能变差。

● 如图所示的某工程，对于图中用黄线圈出装置的作用是什么，又为什么做成主次梁高度不同的体系？

主梁支撑次梁
▷ 在集中力位置处，设置加劲肋，以提高腹板稳定性。

● 当组合梁高度较大时，为满足腹板局部稳定，并且不使腹板厚度过大，常设置加劲肋。集中荷载处的加劲肋也能协助腹板受力。如果腹板做成波形，与上下平板翼缘焊接，构成波形腹板钢梁，腹板局部稳定性大大提高，从而可降低腹板厚度，腹板不需设加劲肋。

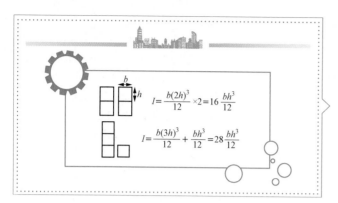

$$I = \frac{b(2h)^3}{12} \times 2 = 16\frac{bh^3}{12}$$

$$I = \frac{b(3h)^3}{12} + \frac{bh^3}{12} = 28\frac{bh^3}{12}$$

● 为什么主梁和次梁高度差异大？
同样的材料用量，因组合方式不同，抗弯刚度差异明显。这种方式称为材料集中使用原则。

钢与混凝土组合板

● 设置钢与混凝土组合楼板程序：
（1）铺设压型钢板；
（2）在压型钢板上铺设钢筋；
（3）浇混凝土。

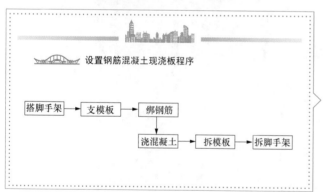

设置钢筋混凝土现浇板程序

搭脚手架 → 支模板 → 绑钢筋

浇混凝土 → 拆模板 → 拆脚手架

● 压型钢板本身抗弯刚度大，可以充当模板使用，在压型钢板上只需铺设少量钢筋。压型钢板在施工时相当于模板，在受力时相当于受拉钢筋。

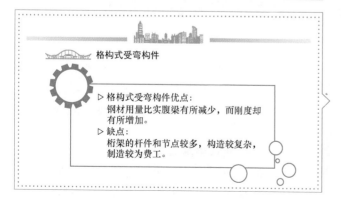

格构式受弯构件

▷ 格构式受弯构件优点：
钢材用量比实腹梁有所减少，而刚度却有所增加。
▷ 缺点：
桁架的杆件和节点较多，构造较复杂，制造较为费工。

● 当跨度较小，荷载较小时，一般优先选择用梁；当跨度较大，荷载较大时，优先选择桁架。

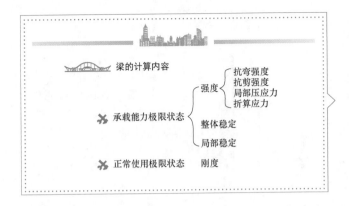

● 为了确保钢梁设计安全适用、经济合理，设计时必须进行承载能力极限状态计算，保证受力安全。还应满足正常使用极限状态要求，有足够的抗弯刚度，在荷载标准值作用下，梁的最大挠度不大于容许挠度。

三、钢结构赏析

北京首都国际机场3号航站楼

北京首都国际机场3号航站楼，2007年年底全面竣工，建筑面积90万 m²，新增机位99个；新建一条长3800m、宽60m的跑道，世界上最大的飞机空客A380也能够顺利起降。此外，新建北货运区，相应配套建设场内交通系统，以及供水、供电、供气、供油、通导、航空公司基地等设施。北京首都国际机场3号航站楼整体效果图如图5-1所示。

图5-1 北京首都国际机场3号航站楼整体效果图

北京首都国际机场3号航站楼的设计方案出自英国建筑大师诺曼·福斯特之手，从空中俯视犹如一条巨龙，形成了充满整体动感的建筑体量。这种完整的建筑格局无论是在室内还是室外，都将形成令人震撼的出行体验。整个3号航站楼工程可以看成为"龙吐碧珠""龙身""龙脊""龙鳞""龙须"五部分。

北京首都国际机场3号航站楼不仅建筑外形在时尚元素中融入中国古典意象，内部景观更是彰显文明古国源远流长的历史，如图5-2所示。旅客步入T3值机大厅，迎面即是《紫微辰恒》雕塑，它的原型是我国古代伟大科学家张衡享誉世界的发明"浑天仪"，精巧逼真；

国内进出港大厅摆放了 4 口大缸，名为《门海吉祥》，形似紫禁城太和殿两侧的铜缸；二层中轴线上，摆放了形似九龙壁的汉白玉制品——《九龙献瑞》，东、西两侧是"曲苑风荷"和"高山流水"两个别致的休息区；T3 国际区的园林建筑是三号航站楼景观的另一大亮点：15 000m² 的免税购物区以"御泉垂虹"喷泉景观为核心，东、西两侧是"御园谐趣""吴门烟雨"皇家园林；国际进出港区还设有两个巨幅屏风壁画——《清明上河图》和《长城万里图》。旅客置身航站楼，犹如畅游一座满是稀世珍宝的艺术博物馆，相信过往旅客都会收获一份身心的愉悦与享受。

图 5-2　北京首都国际机场 3 号航站楼

四、　随堂测验

1. 对于荷载较大而高度受到限制并且需要较大抗扭刚度的梁，可考虑采用（　　）形式的梁。

　A. 热轧工字钢梁　　　　B. 箱形梁　　　　　　C. 冷弯薄壁工字钢梁　D. 蜂窝梁

2. 以下（　　）是受弯构件在正常使用极限状态下需要的设计内容。

　A. 强度　　　　　　　　B. 整体稳定　　　　　C. 局部稳定　　　　　D. 刚度

3. 钢梁按制作方法可以分为（　　）。

　A. 等截面梁和变截面梁　　　　　　　　　B. 型钢梁和组合梁

　C. 简支梁、悬臂梁和连续梁等　　　　　　D. 热轧型钢梁和冷成型薄壁钢梁

4. 北京首都国际机场 3 号航站楼 2007 年建好以后，2008 年北京迎来了一个世界性的运动会，请问是（　　）。

　A. 第 29 届夏季奥林匹克运动会　　　　　B. 第 14 届残疾人奥林匹克运动会

　C. 第 2 届青年奥林匹克运动会　　　　　　D. 第 26 届世界大学生运动会

五、 知识要点

受弯构件的形式与应用	
1. 受弯构件的定义	2. 钢梁的类型
3. 钢梁常用截面形式	4. 钢梁的破坏
5. 钢梁的设计内容	

六、 讨论

钢梁破坏类型有哪些?

七、 工程案例教学

广州歌剧院

广州歌剧院,如图 5-3 所示,以璀璨的文化地标身份,坐落于广州 CBD 中央,为中国大胆探索着剧院经营管理新模式和改革发展道路。广州大剧院由第一位获得"普利兹克建筑奖"的女性、英籍伊拉克设计师扎哈·哈迪德设计,宛如两块被珠江水冲刷过的灵石,奇特的外形充满奇思妙想。全球顶级声学大师哈罗德·马歇尔博士,为广州大剧院精心打造的声学系统,达到世界一流水平,使其传递出近乎完美的视听效果,获得全球建筑界及艺术家的极高评价,为中国夺得无数殊荣。

图 5-3 广州歌剧院

广州歌剧院毗邻珠江,其外观设计主要意念是"珠江边的两颗砾石",因此建筑物的外形较为独特:屋面与墙面浑然一体,曲面变化较大,采用石材覆盖为主,为不规则组合折板,没有明确的墙面和屋面之分,且均为倾斜平面,体型内凹、外突的情况较多(特别是多功能剧场),结构上采用的是一种崭新的结构体系——三向斜交网格组合折板式单层网壳结构。

广州歌剧院总建筑面积 7 万 m^2,建筑高度 43.1m。外围护钢结构为空间组合折板式三向斜交网格结构,网格落地处设置收边钢环梁,搁置于球形支座上。次梁把铸钢节点与主梁组成的多边形结构面分割成 6m×6m 的三角网格。大剧场投影尺寸为 127m×125m，高 43m，共 65 个结构面。多功能剧场平面投影尺寸为 87.6m×86.7m，高 22.3m，共 38 个结构面。网壳转角处箱型杆件空间三向纵横交汇，交汇节点采用铸钢，合计 69 个，其中 47 个为临空设置，其余搁置于钢筋混凝土柱上。节点间为焊接箱型主梁，最大跨度为 70m。铸钢节点采用德国标准 GS-20MN5N 铸造，最大投影平面尺寸为 8m×16m，最重 39.6t，节点肢腿端口壁厚为 25～70mm；焊接箱型钢梁材质为 Q345GJB，截面尺寸为（250～400mm）×（750～2005mm），板厚 10～50mm。总用钢量 10 000t，其中铸钢节点 1100t。广州歌剧院内部示意图如图 5-4 所示。

图 5-4　广州歌剧院内部示意图

为了更深入地了解广州歌剧院，推荐与此相关的论文供参考。

1. 何啸伟，余运波. 广州歌剧院复杂钢结构综合施工技术［J］. 建筑钢结构进展，2009，11（5）：49-55.

本文主要介绍了该工程结构特点、施工难点、技术方案，着重论述了大型履带吊上楼板加固技术、承重胎架设计与搭设、复杂结构测量定位、异种钢高空全位置焊接、结构卸荷等关键技术与创新。

2. 罗雄杰，周一尘，梁文锋，等. 广州歌剧院钢结构工程技术探讨［J］. 工程质量，2007（13）：16-19.

本文结合广州歌剧院钢结构工程复杂空中曲面的特点，介绍了钢结构安装采用支架拼装方法施工的工艺。在现场各种环境因素的影响下，讨论了钢结构安装的结构卸荷、空间定位等关键技术措施。

3. 陈军明，吴旭旺，任志刚，等. 广州歌剧院铸钢节点刚性区的处理［J］. 武汉理工大学学报，2009（17）：102-105.

本文主要介绍了铸钢节点力学性能分析时，忽略刚性区的影响，将低估节点各肢面内抗弯刚度；采用铸钢节点实体有限元能够较为准确地模拟铸钢节点的各项力学性能，实现比较困难，工程推广甚为不便。采用刚性材料法，在 ANSYS 中增大刚性区的弹性模量 E，可以得到较为理想的计算结果，且较实体模拟法易于实现。以广州歌剧院钢结构力学性能计算为算例，对比分析了刚性材料法得到的结果与现场试验结果。

第二节　梁的强度和刚度

一、问题引入

有句歇后语"打破砂锅——问到底"，指在认识一件事物时要保持好奇心，凡事多问、多了解一些。上一节了解了受弯构件的形式与应用，接下来了解一下梁的强度与刚度，请思考以下问题：

1. 在不同的工作阶段，梁截面上的正应力都是怎么分布呢？
2. 梁的强度计算包含哪些方面？

二、课堂内容

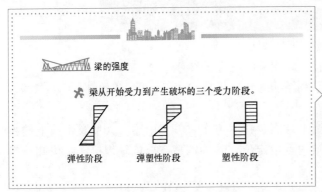

● 梁的强度和刚度往往对截面设计起控制作用。因此在设计时，通常先进行强度和刚度计算。

钢梁处于纯弯曲状态时，正应力的大小和分布随弯矩 M 增大而变化，其变化发展可分为三个阶段。

● 弹性工作阶段。

当在弯矩 M 作用下钢梁的最大应变 $\varepsilon \leqslant f_y/E$ 时，梁全截面处于弹性工作状态，应力应变呈线性分布。

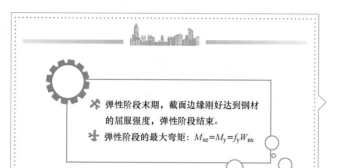

✖ 弹性阶段末期，截面边缘刚好达到钢材的屈服强度，弹性阶段结束。

✚ 弹性阶段的最大弯矩：$M_{xe}=M_y=f_y W_{nx}$

● 当截面边缘（受力最大位置）达到屈服应变时，截面即将进入弹塑性工作阶段，这是弹性阶段的极限状态，是弹性阶段和弹塑性阶段的临界状态。W_{nx}指构件净截面塑性模量。

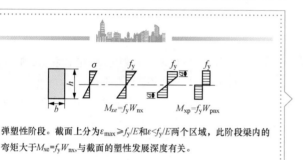

弹塑性阶段。截面上分为$\varepsilon_{max}\geqslant f_y/E$和$\varepsilon<f_y/E$两个区域，此阶段梁内的弯矩大于$M_{xe}=f_y W_{nx}$，与截面的塑性发展深度有关。

● 弹塑性工作阶段。

弹塑性阶段梁承受的荷载、弯矩更大，截面的抗弯能力发挥得更充分。但梁的刚度会降低。

当弯矩 M 继续增大，$\varepsilon_{max}\geqslant f_y/E$ 时，在截面上部和下部出现了弯曲正应力 $\sigma=f_y$ 的塑性区。而在 $\varepsilon\leqslant f_y/E$ 的截面中间部分区域仍保持弹性。

✖ 塑性阶段

▷ 这个阶段，梁的抗弯承载力完全发挥出来，承载力达到极限，刚度退化为零。

✖ 塑性阶段。弹性区消失，形成塑性铰。

$M_{xp}=f_y W_{pnx}$

● 塑性工作阶段。

当弯矩再继续增大，梁截面上的正应力将全部达到 f_y，弹性区消失。此后，截面弯矩不再增大，而变形持续发展，形成"塑性铰"，达到抗弯极限承载能力。

✚ 塑性弯矩的计算：

$$M_{xp}=f_y(S_{1nx}+S_{2nx})=f_y W_{pnx}$$

▷ S_{1nx}，S_{2nx}：分别为中和轴以上、以下截面对中和轴X轴的面积矩。

● 弹性阶段的极限弯矩和全截面塑性弯矩的差值反映了截面的塑性发展能力。差值越大，截面的塑性发展能力越突出。

- γ_F：只取决于截面几何形状而与材料的性质无关的形状系数。
- 塑性铰弯矩 $M_{xp}=f_y W_{pnx}$ 与弹性最大弯矩 $M_{xe}=f_y W_{nx}$ 的比：
$$\gamma_F=\frac{M_{xp}}{M_{xe}}=\frac{W_{pnx}}{W_{nx}}$$

● γ_F 称为截面形状系数，是反映截面塑性发展能力的重要指标。

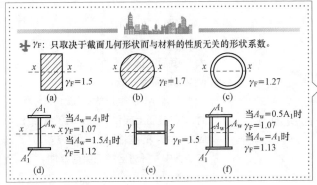

🔧 γ_F：只取决于截面几何形状而与材料的性质无关的形状系数。

(a) $\gamma_F=1.5$ (b) $\gamma_F=1.7$ (c) $\gamma_F=1.27$

(d) 当 $A_w=A_1$ 时 $\gamma_F=1.07$；当 $A_w=1.5A_1$ 时 $\gamma_F=1.12$

(e) $\gamma_F=1.5$

(f) 当 $A_w=0.5A_1$ 时 $\gamma_F=1.07$；当 $A_w=A_1$ 时 $\gamma_F=1.13$

● 材料离中性轴越集中，系数 γ_y 越大。材料的受力性能和截面的塑性发展能力不可兼得。

对于矩形截面：$\gamma_F=1.5$；圆形截面：$\gamma_F=1.7$；圆管截面：$\gamma_F=1.27$；工字形截面对 x 轴：$\gamma_F=1.10\sim1.17$，对 y 轴：$\gamma_F=1.5$。

强度计算

- 弹性阶段计算：
$$\frac{M_x}{W_{nx}}\le f$$
- 弹塑性阶段计算（γ_x 的取值大小反映塑性发展的深度）：
$$\frac{M_x}{\gamma_x W_{nx}}\le f$$
- 塑性阶段计算：
$$\frac{M_x}{W_{pnx}}=\frac{M_x}{\gamma_F W_{nx}}\le f$$

● 抗弯强度验算时，如若不考虑截面塑性发展，将导致用钢量较高，经济性较差。若按全截面塑性作为设计准则，将使梁的挠度过大，甚至形成机构，危及安全。因此，对承受静力荷载或间接承受动力荷载的钢梁，以弹塑性状态作为设计准则，有限利用塑性。

抗弯强度计算

- 单向受弯构件抗弯强度公式：$\dfrac{M_x}{\gamma_x W_{nx}}\le f$
- 双向受弯构件抗弯强度公式：$\dfrac{M_x}{\gamma_x W_{nx}}+\dfrac{M_y}{\gamma_y W_{ny}}\le f$

● 双向受弯构件抗弯强度公式中的两个方向弯矩应属于同一个截面。如果二者的最大值不在同一个截面，需要对两个截面分别进行计算。

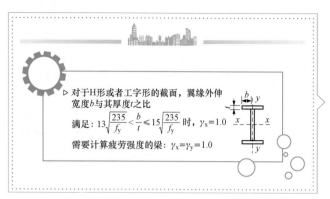

▷对于H形或者工字形的截面，翼缘外伸宽度b与其厚度t之比

满足：$13\sqrt{\dfrac{235}{f_y}} < \dfrac{b}{t} \leqslant 15\sqrt{\dfrac{235}{f_y}}$ 时，$\gamma_x = 1.0$

需要计算疲劳强度的梁：$\gamma_x = \gamma_y = 1.0$

● 对塑性发展能力弱的截面，不考虑其塑性，按弹性极限状态设计计算。

对承受动力荷载、需要进行疲劳验算的钢梁，按弹性极限状态设计计算。

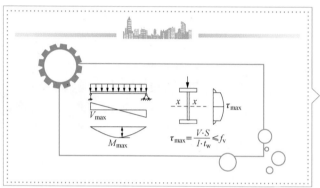

$\tau_{max} = \dfrac{V \cdot S}{I \cdot t_w} \leqslant f_v$

● 通常梁既承受弯矩 M，同时又承受剪力 V。钢梁的常用截面为工字形、槽形或箱形，组成这些截面的板件宽（高）厚比较大，为薄壁截面，截面上的剪应力可用剪力流理论来计算。

▷工字形截面 集中荷载

当集中力扩散到翼缘和腹板的交界面时，受力面积突然减小，压应力增大，最终导致材料的破坏。

● 梁在固定集中荷载作用处无加劲肋，或承受移动荷载（如轮压）作用时，在钢梁上翼缘与腹板相交处会产生较大的局部承压应力。

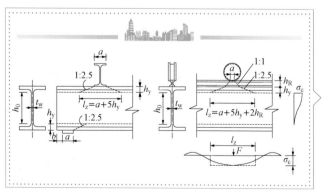

● 当梁的翼缘受有沿腹板平面作用的固定集中荷载且荷载处又未设置支承加劲肋时，或有移动的集中荷载时，应验算腹板的计算高度边缘的局部承压强度。

请留意腹板计算高度的概念。

腹板计算高度

▷ 对于热轧截面，腹板计算高度为两内弧起点间距；

▷ 对于焊接而成的组合截面，计算高度即为实际腹板高度；

▷ 铆接时，计算高度取铆钉与铆钉间距离。

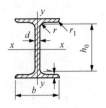

> ● 在组合梁的腹板计算高度边缘处，当同时承受有较大的正应力、剪应力和局部承压应力时，或同时承受有较大的正应力和剪应力时（如连续梁的支座处或梁的翼缘截面改变处等）应验算该处的折算应力。

$\sigma_\mathrm{c}=\dfrac{\psi F}{t_\mathrm{w}l_\mathrm{z}}\leqslant f$

▷ ψ：集中荷载增大系数，重级工作制吊车为1.35，其他为1.0。

▷ F相当于静力荷载，在F前面乘以ψ，把静力荷载放大，用来代替实际产生的动力效应。

> ● 若验算不满足要求，对于固定集中荷载作用，可设置支承加劲肋；对于移动集中荷载作用，则需要选腹板较厚的截面。对于翼缘上承受均布荷载的梁，不需进行局部承压应力的验算。

跨中集中荷载：$l_\mathrm{z}=a+5h_\mathrm{y}+2h_\mathrm{R}$

梁端支座反力：$l_\mathrm{z}=a+2.5h_\mathrm{y}$

▷ a——集中荷载沿梁跨度方向的支承长度，对吊车轮压可取为10~50mm；

▷ h_R——轨道的高度，计算处无轨道时取0；

▷ h_y——自梁承载边缘到腹板计算高度边缘的距离。

> ● 计算承压强度时，假定压力F在h_R范围内以1∶1和在h_y范围内以1∶2.5的坡度向两边扩散，并均匀分布在腹板计算高度边缘。

折算应力

$\sqrt{\sigma^2+\sigma_\mathrm{c}^2-\sigma\sigma_\mathrm{c}+3\tau^2}\leqslant\beta_1 f$

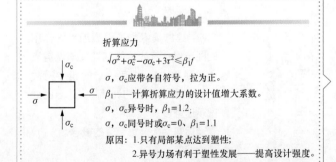

σ，σ_c应带各自符号，拉为正。

β_1——计算折算应力的设计值增大系数。

σ，σ_c异号时，$\beta_1=1.2$；

σ，σ_c同号时或$\sigma_\mathrm{c}=0$，$\beta_1=1.1$

原因：1.只有局部某点达到塑性；

2.异号力场有利于塑性发展——提高设计强度。

> ● 请回顾第二章知识要点"复杂应力条件下的钢材屈服"，加深此处的理解。

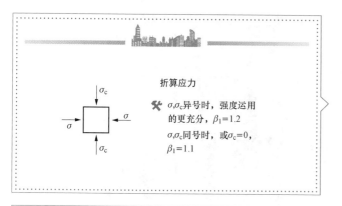

折算应力

✖ σ,σ_c异号时，强度运用的更充分，$\beta_1=1.2$

σ,σ_c同号时，或$\sigma_c=0$，$\beta_1=1.1$

● β_1 的值取决于单元体的塑性变形能力。考虑到所验算的部位是腹板计算高度边缘的局部区域，几种应力皆以其较大值在同一点上出现的概率很小，故将强度设计值乘以 β_1 予以提高。

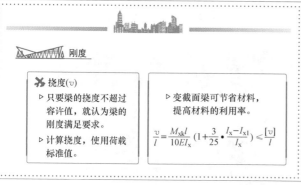

刚度

✖ 挠度(v)

▷ 只要梁的挠度不超过容许值，就认为梁的刚度满足要求。

▷ 计算挠度，使用荷载标准值。

▷ 变截面梁可节省材料，提高材料的利用率。

$$\frac{v}{l}=\frac{M_{xk}l}{10EI_x}(1+\frac{3}{25}\cdot\frac{I_x-I_{x1}}{I_x})\le\frac{[v]}{l}$$

● 梁的刚度计算属于正常使用极限状态问题，就是要保证在荷载标准值作用下梁的最大挠度 v 不超过允许值，不影响结构的正常使用和观感。

I_x 为跨中截面抵抗矩，I_{x1} 为支座附近截面抵抗矩。

鱼腹梁

● 一般工程中，钢梁变截面次数不超过 2 次，钢结构吊车梁的疲劳性能比钢筋混凝土结构要好。图中为我国钢材匮乏时期常采用的钢筋混凝土鱼腹式吊车梁。梁的截面高度变化与弯矩图匹配，材料利用率很高，但施工难度大。

三、钢结构赏析

上海浦东国际机场

上海浦东国际机场（Shanghai Pudong International Airport，IATA 代码：PVG，ICAO 代码：ZSPD)，位于中国上海市浦东新区滨海地带，面积为 $40km^2$，1999 年建成，2008 年北京奥运会前扩建工程投入使用，如图 5-5 所示。

浦东机场是上海两大国际机场之一，距上海市中心约 30km，距虹桥机场约 52km，与北京首都国际机场、香港国际机场并称中国三大国际机场，2014 年旅客吞吐量 5166.18 万人次，如图 5-6 为机场整体效果图。

图 5-5　上海浦东国际机场

图 5-6　上海浦东国际机场整体效果图

浦东机场日均起降航班达 800 架次左右，航班量已占到整个上海机场的六成左右。通航浦东机场的中外航空公司已达 60 家左右，航线覆盖 90 多个国际（地区）城市、60 多个国内城市。2011 年，上海两大机场共保障飞机起降 57.4 万架次，实现旅客吞吐量 7456 万人次，货邮吞吐量 353.94 万 t，浦东机场货运量保持全球机场第三位，客运量排名全球机场第 20 位。

四、 随堂测验

1. 梁的正常使用极限验算是指（　　）。

A. 梁的抗弯强度验算　　　　　　　　　B. 梁的抗剪强度验算

C. 梁的稳定计算　　　　　　　　　　　D. 梁的挠度计算

2. 计算梁的（　　）验算时，应采用净截面的几何参数。

A. 正应力　　　　　　　　　　　　　　B. 刚度

C. 整体稳定　　　　　　　　　　　　　D. 局部稳定

3. 梁受固定集中荷载作用，当翼缘与腹板交汇处的局部挤压应力不能满足要求时，采用

（　　）是较合理的措施。

A. 加厚翼缘

B. 在集中荷载作用处设支承加劲肋

C. 增加横向加劲肋的数量

D. 加厚腹板

4. 以下（　　）是属于梁的强度计算的内容。

A. 抗弯强度

B. 抗剪强度

C. 局部承压强度

D. 复杂应力下的强度

5. 上海有两个国际机场，除了浦东国际机场，请问另外一个是什么？

五、 知识要点

梁的强度与刚度			
1. 梁的强度计算			
（1）抗弯强度	（2）抗剪强度	（3）局部承压强度	（4）复杂应力下的强度
2. 梁的刚度计算			

六、 常用公式

1. 梁的抗弯强度

双向受弯时

$$\frac{M_x}{\gamma_x W_{nx}} + \frac{M_y}{\gamma_y W_{ny}} \leqslant f$$

式中　M_x，M_y——绕梁截面 x 轴、y 轴的弯矩；

W_{nx}，W_{ny}——对 x 轴和 y 轴的净截面模量，当截面设计等级达到受弯构件 S4 级要求时，取全截面模量，当截面设计等级为受弯构件 S5 级时，取有效截面模量；

γ_x，γ_y——截面的塑性发展系数，在翼缘截面设计等级达到 S3 级要求时。当梁受压翼缘的自由外伸宽度与厚度之比 $b_1/t > 13 \sqrt{235/f_y}$ 时，应取相应的 $\gamma_x = 1.0$。这是根据翼缘的局部稳定性能要求确定的。截面设计等级为 S4、S5 级截面时，取为 1.0。

2. 梁的抗剪强度

$$\tau = \frac{VS}{lt_w} \leqslant f_v$$

式中　V——计算截面沿腹板平面作用的剪力设计值；

I——梁的毛截面抵抗惯性矩；

S——计算剪应力处以上（下）毛截面对中和轴的面积矩；

f_v——钢材的抗剪强度设计值。

3. 梁的局部承压强度

$$\sigma_c = \frac{\psi F}{L_z t_w} \leqslant f$$

式中　F——集中荷载，动力荷载作用时应考虑动力系数（重级工作制吊车梁为 1.1；其他梁为 1.05）；

　　　ψ——系数，对于重级工作制吊车梁取 $\psi=1.35$，其他梁取 $\psi=1.0$。

4. 复杂应力下的强度

$$\sqrt{\sigma^2+\sigma_c^2-\sigma\sigma_c+3\tau^2}\leqslant\beta_1 f$$

式中　σ，σ_c，τ——腹板计算高度边缘同一点上的弯曲正应力、局部承压应力和剪应力。σ 和 σ_c 均以拉应力为正值，压应力为负值；

　　　β_1——验算折算应力的强度设计值增大系数。当 σ 与 σ_c 异号时，取 $\beta_1=1.2$；当 σ 与 σ_c 同号或 $\sigma_c=0$ 时，取 $\beta_1=1.1$。

5. 梁的刚度计算

$$v\leqslant[v]$$

式中　$[v]$——容许挠度。当有实践经验或有特殊要求时，可根据不影响结构的正常使用和观感的原则进行适当调整。

七、讨论

折算应力计算公式中的符号分别代表什么意义？

八、工程案例教学

杭州奥体博览中心

杭州奥体博览中心主体育场位于钱塘江与七甲河交汇处南侧，规划建筑面积 22.9 万 m^2，可举办洲际性、全国性综合运动会及国际田径、足球比赛，是杭州奥体博览城奥体中心的重要组成部分。奥体中心的"有机"造型设计灵感源于自然界的花朵，主体育场更是犹如绽放于钱塘江边的白莲花，如图 5-7 所示为杭州奥体博览中心整体效果图。

图 5-8 为杭州奥体博览中心主体育场，主体育场固定座位 80 011 座，为特级特大型体育建筑物，整个结构由混凝土看台和钢结构罩棚组成。整个钢结构罩棚由 14 组（28 片）主花瓣、13 片次花瓣组成。罩棚外边缘长轴方向为 333m，短轴方向为 285m，罩棚最大宽度 68m，悬挑长度 52.5m，罩棚最高点标高 59.40m。

图 5-7　杭州奥体博览中心整体效果图

图 5-8　杭州奥体博览中心主体育场

体育场钢结构罩棚为空间管桁架结构，其主桁架弦杆作为空间双向曲线基本上无几何规律可循，这有别于普通的曲线，根据数学中微积分的理念，将整条不规则的空间曲线等分成若干份的曲线，为达到外观建筑效果使曲线圆滑过渡，同时为满足加工制作的要求，经过反复的比对，最终将弧线段的长度确定为 1.5m，这样既能保证整条主桁架弦杆的空间曲线造型和光滑性，又可以将整条空间曲线简化成若干条规则曲线，满足加工制作的要求。此部分线段仅作为空间曲线加工控制点示意，不是弦杆的实际分段点，在实际制作中通过各个控制点来控制钢管的加工精度。

杭州奥体博览中心主体育场钢结构罩棚花瓣造型主桁架呈空间曲线，如图 5-9 所示。钢构件工厂加工难度大，其中主桁架弦杆为大直径厚壁空间弯曲圆钢管，经对空间弯曲钢管几何形状的分析、研究，制定出针对主桁架弦杆钢管空间弯曲加工方法，同时，还研究了工程主桁架弦杆长圆形锥台小夹角分叉节点的加工方法，不仅解决了工程钢构件工厂加工技术难题，还取得了很好的经济效益。

图5-9 杭州奥体博览中心主体育场钢结构罩棚

为了更深入地了解杭州奥体博览中心，推荐与此相关的论文供参考。

1. 周观根，张珈铭，刘坚，等．杭州奥体博览中心主体育场钢结构施工模拟分析［J］．施工技术，2014（8）：1-5.

本文主要介绍了通过有限元分析软件 ANSYS 对比分析了 3 种结构吊装方案，研究其在考虑路径效应下不同拼装顺序对结构的变形、受力状况的影响；对基于一次性加载法和考虑路径效应的钢结构支撑架卸载过程进行了对比分析。分析结果表明考虑路径效应的分析方法与一次性加载法所计算的结构响应有很大不同，前者更接近结构实际状态，使结构施工过程安全可靠。通过计算分析可以确保空间管桁架的安装精度，保证施工过程的安全性和经济性。

2. 周观根，刘贵旺，洪王东，等．杭州奥体博览中心主体育场钢结构罩棚加工关键技术［J］．施工技术，2014（8）：6-9.

本文主要通过对杭州奥体博览中心主体育场钢结构罩棚主桁架大直径厚壁圆钢管空间弯曲和长圆形锥台小夹角分叉节点等加工技术的研究，确定了空间弯曲钢管从加工原理、加工方法到拼接、焊接、检测、矫正，以及长圆形锥台小夹角分叉节点从零（部）件下料、加工到节点装焊等整套加工方法，成功解决了本工程钢构件的加工难题，并为其他类似工程钢构件加工提供了很好的借鉴作用。

3. 劳唯中，周观根，游桂模. 杭州奥体博览中心主体育场铸钢节点关键技术［J］. 施工技术，2015，44（8）：37 - 40.

本文主要介绍了从铸钢节点设计、制作、安装和焊接等关键技术控制的研究出发，在设计阶段进行了节点构造设计以及承载能力分析；在加工制作过程中进行了铸造工艺以及质量控制研究；在铸钢节点安装过程中对安装定位、焊接工艺以及质量检验进行分析。实践表明通过对铸钢节点进行关键技术控制确保了铸钢节点的施工质量。

4. 虞崇钢，周观根，洪王东，等. 杭州奥体博览中心主体育场钢结构罩棚铸钢节点设计与有限元分析［J］. 施工技术，2014（8）：10 - 12.

本文主要以杭州奥体博览中心主体育场为背景介绍了工程中典型铸钢节点的优化设计与有限元分析。

第三节　梁的整体失稳与临界弯矩确定

一、问题引入

《论语》有云："始吾于人也，听其言而信其行，今吾于人也，听其言而观其行"，这句话说的是不要去相信一个人所说的话，而要看他具体做了什么。在前面已经了解了受弯构件的相关知识，接下来学习梁的整体失稳与临界弯矩的表现，请思考以下问题：

1. 影响梁整体稳定性的因素有哪些？

2. 为了提高梁的整体稳定性，设计时可采取哪些措施？

二、课堂内容

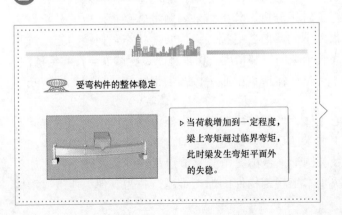

受弯构件的整体稳定

▷当荷载增加到一定程度，梁上弯矩超过临界弯矩，此时梁发生弯矩平面外的失稳。

● 梁丧失整体稳定之前往往无明显征兆，且在梁所受荷载小于强度承载力时突然发生，故必须特别予以注意。

应明确一个容易被忽略的概念：弯矩作用平面。

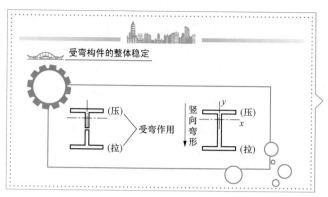

● 梁丧失整体稳定的原因与轴心受压构件相似。处于纯弯曲状态的工字形截面梁，可视梁为由以中和轴分界的受压和受拉两构件组成。当受压构件所受压力达一定值时，将发生屈曲。受压区域的失稳带动整体失稳。

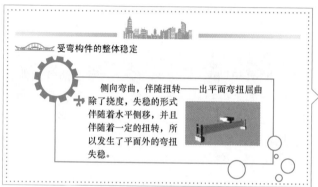

● 在产生平面外弯曲的同时，梁同时承受扭转作用，钢梁的失稳为弯扭失稳。

● 基本假定：
（1）屈曲时钢梁处于弹性阶段。
（2）梁端为夹支座（只能绕 x 轴、y 轴转动，不能绕 z 轴转动；只能自由挠曲，不能扭转）。
（3）梁变形后，力偶矩与原来的方向平行（即小变形）。

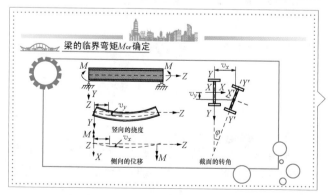

● 钢梁丧失稳定时产生 v_x、v_y 和 φ 三个变形，可建立梁在弯扭状态下的三个平衡方程。通过解方程，引入边界条件，求得临界弯矩值。

$$M_{cr}=C_1\frac{\pi^2 EI_y}{l^2}\left[C_2 a+C_3 \beta_y+\sqrt{(C_2 a+C_3 \beta_y)^2+\frac{I_w}{I_y}\left(1+\frac{l^2 GI_t}{\pi^2 EI_w}\right)}\right]$$

其中$\beta_y=\frac{1}{2I_x}\int_A y(x^2+y^2)dA-y_0$

系数$C_1 C_2 C_3$值

荷载类型	C_1	C_2	C_3
跨中点集中荷载	1.35	0.55	0.40
满跨均布荷载	1.13	0.46	0.53
纯弯曲	1.0	0.0	1.0

● 该式是梁整体稳定临界弯矩计算公式的一般表达式,适用于单轴、双轴对称截面,反映了荷载类型、支撑条件以及荷载作用位置的影响。该公式虽然形式复杂,无法直接用于工程设计,但可以帮助更好地理解各类因素对钢梁整体稳定的影响。

三、 钢结构赏析

上海虹桥国际机场

上海虹桥国际机场(IATA 代码:SHA,ICAO 代码:ZSSS),位于上海市西郊,距市中心约 13km。虹桥机场基本只有中国国内航线及港澳台和日韩等航线,大部分国际航线由上海市的另一个机场——上海浦东国际机场负责。2011 年,虹桥机场共保障飞机起降 22.98 万架次,完成旅客吞吐量 3311.65 万人次,货邮吞吐量 45.36 万 t,并在当年被 Skytrax 评为四星级机场,如图 5 - 10 所示为上海虹桥国际机场整体效果图。

图 5 - 10　上海虹桥国际机场整体效果图

上海虹桥国际机场始建于 1907 年,它的前身是建于 1921 年 3 月的民国虹桥机场,抗日战争时期被日本军队占领。新中国成立后,重建虹桥机场,此后一直作为军用机场,直到 1963 年,被国务院批准再次成为民用机场,并于 1963 年底进行了大规模的改建和扩建,该工程于 1964 年正式交付使用。作为上海第一个民用机场的上海虹桥机场,经过多年的扩建后,现已成为我国最大的国际航空港之一,如图 5 - 11 所示。

根据上海航空枢纽这一国家战略,上海两个机场作为一个整体来构建上海航空枢纽,以浦东机场为主构建"国际门户枢纽机场",以虹桥机场为辅构建"国内枢纽机场"。在虹桥机场扩建工程的规划、设计和建设中,始终遵循"节能、环保、绿色、人性化"的可持续发展理念。

图 5-11　上海虹桥国际机场

四、　随堂测验

1. 下列简支梁整体稳定性最差的是（　　　）。

A. 两端纯弯作用　　　　　　　　　　　B. 满跨均布荷载作用

C. 跨中集中荷载作用　　　　　　　　　D. 跨内集中荷载作用在三分点处

2. 跨中无侧向支承的组合梁，当验算整体稳定不足时，宜采用（　　　）。

A. 加大梁的截面面积　　　　　　　　　B. 加大梁的高度

C. 加大受压翼缘板的宽度　　　　　　　D. 加大腹板的厚度

3. 以下对提高工字形截面的整体稳定性作用最小的是（　　　）。

A. 增加腹板厚度　　　　　　　　　　　B. 约束梁端扭转

C. 设置平面外支承　　　　　　　　　　D. 加宽梁翼缘

4. 一悬臂梁，焊接工字形截面，受向下垂直荷载作用，欲保证此梁的整体稳定，侧向支承应加在（　　　）。

A. 梁的上翼缘　　　　　　　　　　　　B. 梁的下翼缘

C. 梁的中和轴部位　　　　　　　　　　D. 梁的上翼缘及中和轴部位

5. 上海有两个大的机场，在构建上海航空枢纽时，请问哪个机场是以国际航线为主的？

五、　知识要点

梁的整体失稳与临界弯矩确定
1. 梁丧失整体稳定的方式　　　　　　　　2. 梁在弹性阶段的临界弯矩

六、　常用公式

梁在弹性阶段的临界弯矩

$$M_{cr} = \frac{\pi^2 EI_y}{l^2} \sqrt{\frac{I_w}{I_y}\left(1 + \frac{GI_t l^2}{\pi^2 EI_w}\right)}$$

🏃 七、讨论

梁整体失稳的根本原因是什么？如何有效避免梁的整体失稳？

🏢 八、工程案例教学

📍上海东方体育中心

上海东方体育中心被公众称为"海上王冠"，建筑面积7.8万 m²。建筑外形像一层层向上抛起的波浪和白帆，又像一顶充满王者之气的桂冠，象征着体育运动和体育健儿激情四射、昂扬向上、勇攀巅峰的热情、力量和霸气，如图5-12所示为上海东方体育中心整体效果图。

上海体育中心体育馆由主馆和训练馆两部分组成，可同时满足比赛及热身需求，是上海目前座席最多的室内运动场馆。座位最大容量可以达到18 000个，体育馆共五层，地下二层为赛事功能用房，有6套运动员用房，层高4m以上，出入口完全可供集卡进入，方便了比赛的后勤保障，如图5-13所示。地下一层为贵宾用房和新闻媒体用房。地上三层为观众看台（其中第二层为包厢层，共有38个包厢），设计还含有残疾人席位。体育馆设计均按照国际体育组织最新标准建设，可满足游泳、篮球、排球、网球、乒乓球、羽毛球、手球、体操、室内7人制足球、冰球、短道速滑、花样滑冰等20多项室内国际专项和综合赛事的功能要求。

图5-12　上海东方体育中心整体效果图

图5-13　上海东方体育中心体育馆室内效果图

图5-14　上海东方体育中心体育馆

综合体育馆上部钢结构主要由10榀跨度达151m的异形管桁架组合而成的大空间体系构成，如图5-14所示。体育馆结构高43m、长166m、宽172m，地下二层，地上三层。钢结构体系中的10榀钢架截面均为空间倒三角形，单榀钢架质量达550余 t，整个综合体育馆工程总用钢量约6000t。

为了更深入地了解上海东方体育中心，推荐与此相关的论文供参考。

1. 李华，黄本才，廖泽邦，等. 上海东方体育中心综合体育馆屋盖结构风振分析〔J〕. 南昌大学学报（工科版），2010，32（3）：265-271.

本文在屋盖同步风洞试验测量的基础上，采用 CQC 法对上海东方体育中心综合体育馆大跨屋盖进行了较为准确的空间风振分析。分析了多个复杂空间振型对有代表性节点的动位移根方差的影响，得到本体育馆的最大参振振型为 30 阶；考虑了两种荷载组合工况，比较了工况 1、工况 2 和自重作用下屋盖结构的节点位移和基底反力，工况 1 作用下的节点位移和基底反力最大，工况 2 作用下的相应结果最小；最后给出了 5 个不利风向下的位移风振系数，可供参考。

2. 谭长建. 上海东方体育中心综合馆钢结构拆除临时支撑应力监测分析〔J〕. 钢结构，2016，31（9）：85-87.

本文主要介绍了为确保综合馆在拆除临时支撑施工过程中结构构件应力处于安全范围内，对钢结构的关键构件在拆除临时支撑时的应力进行监测。施工现场监测采用无线应力监测系统，以避免施工现场布线的繁杂以及与施工现场施工的相互影响。通过采用该系统，有效地对钢结构拆除临时支撑过程中的应力进行了监测。

3. 曾志斌，张玉玲. 国家体育场大跨度钢结构卸载时应力监测系统〔J〕. 中国铁道科学，2008，29（1）：139-144.

本文主要介绍了由传感器子系统、无线数据采集与传输子系统以及数据管理与分析子系统组成的系统，其最大的特点是无需现场布线，所有指令和采集到的数据都采用无线数字信号进行传输，最大限度地降低了监测布点等工序与现场施工的相互影响。该系统在国家体育场钢结构卸载时得到了有效验证，并可推广应用到其他大型结构的施工监测。

第四节　梁的整体稳定计算

一、问题引入

波斯古典文坛最伟大的人物萨迪曾这样说道："有知识的人不实践，等于一只蜜蜂不酿蜜"这句话和陆游的"纸上得来终觉浅，绝知此事要躬行"有着相通的道理。前面已经了解了很多有关梁的知识，接下来实践梁的整体稳定计算，请思考以下问题：

《钢结构设计标准》（GB 50017—2017）中规定哪些情况下可以不计算钢梁的整体稳定性？

📖 二、 课堂内容

当梁的整体稳定承载力不足时，可采用加大梁截面尺寸或增加侧向支承的办法予以解决，前一种办法中尤其是增大受压翼缘的宽度最有效。

$$\varepsilon_k = \sqrt{\dfrac{235}{f_y}}$$

● 下面情况可不计算梁整体稳定性：

（1） 有铺板 （各种钢筋混凝土板和钢板） 密铺在梁的受压翼缘上并与其牢固相连、 能阻止梁受压翼缘的侧向位移时；

（2） 箱形截面简支梁， 其截面尺寸满足 $h/b_0 \leqslant 6$， 且 $l_1/b_0 \leqslant 95\varepsilon_k^2$ 时，可不计算整体稳定性。 l_1 为受压翼缘侧向支撑点的距离 （梁的支座处视为有侧向支撑）。

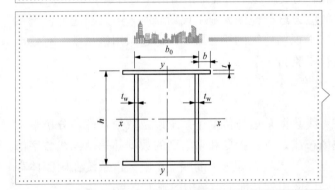

● 当弯曲受压区的侧向位移得到有效控制时， 钢梁将无法发生弯矩平面外的弯扭变形， 也不会丧失整体稳定。因此， 工程中如果通过能够通过一些措施控制钢梁弯曲受压区的侧向位移，可不进行钢梁的整体稳定验算。

提高梁整体稳定性的主要措施：①增加受压翼缘的宽度； ②设置侧向支撑。

▷ 不满足以上条件时， 按下式计算梁的整体稳定性：

$$\sigma = \frac{M_x}{W_x} \leqslant \frac{\sigma_{cr}}{\gamma_R} = \frac{\sigma_{cr}}{f_y} \cdot \frac{f_y}{\gamma_R} = \varphi_b f$$

即

$$\frac{M_x}{\varphi_b W_x} \leqslant f$$

式中 γ_R——材料分项系数；

$\varphi_b = \sigma_{cr}/f_y$——稳定系数。

● 任意横向荷载作用下， 轧制 H 型钢或焊接等截面工字形简支梁计算公式：

$$\varphi_b = \beta_b \frac{4320}{\lambda_y^2} \cdot \frac{Ah}{W_x} \left[\sqrt{1 + \left(\frac{\lambda_y t_1}{4.4h} \right)^2} + \eta_b \right] \sqrt{\frac{235}{f_y}}$$

式中 β_b 为等效临界弯矩系数； λ_y 为 l_1/i_y； h 为梁高； t_1 为受压翼缘的厚度； η_b 为截面不对称影响系数，双轴对称时 $\eta_b = 0$。

✖ 梁整体稳定系数 φ_b 的近似计算

▷ 对于受均布弯矩（纯弯曲）作用的构件，当 $\lambda_y \leqslant 120\sqrt{235/f_y}$ 时，其整体稳定系数 φ_b 可按近似公式计算。

▷ 近似公式中的 φ_b 值已考虑了非弹性屈曲问题，当 $\varphi_b > 0.6$ 时，不需再换成 φ'_b 值。当算得的 φ_b 值大于1.0时，取 $\varphi_b = 1.0$。

● 在满足一定条件下， 存在 φ_b 的近似计算方法。 实际工程中很少有梁能满足这些条件， 因此 φ_b 的近似计算方法很少用于梁的整体稳定计算，主要用于压弯构件的整体稳定计算，使得计算简化。

整体稳定计算

▷ 当截面同时作用 M_x、M_y 时：
规范给出了一经验公式：

$$\frac{M_x}{\varphi_b W_x}+\frac{M_y}{\gamma_y W_y}\leqslant f$$

γ_y 取值同塑性发展系数，但并不表示沿 y 轴已进入塑性阶段，而是为了降低后一项的影响和保持与强度公式的一致性。

● 梁的整体稳定计算是整体性问题，不是截面问题，当 M_y 的最大值与 M_x 不在同一截面时，M_y 宜取梁跨度中央 1/3 范围内的最大值。

三、　钢结构赏析

香港国际机场

香港国际机场（Hong Kong International Airport，HKIA），如图 5-15 所示，是现时香港唯一运作的民航机场，于 1998 年 7 月 6 日正式启用。由于机场位于新界大屿山以北的赤鱲角，因此也称为赤鱲角机场（Chek Lap Kok Airport），为非正式用法。香港国际机场被 Skytrax 评为五星级机场，并在 2001—2010 年间七度被评为全球最佳机场，更一直保持三甲之列。

图 5-15　香港国际机场

香港国际机场是地区转运机场，现阶段设有 96 个停机位，全日 24 小时运作，每年处理旅客 5090 万人次及货物 410 万 t。随着第二条跑道于 1999 年 5 月启用和多项扩展计划完成，香港国际机场正发展成亚洲的客货运枢纽。为满足日益增加的航空交通需求，机场正不断增添新设施及建筑；以现时的填海面积发展下去，机场每年的货物吞吐量将达 900 万 t。在不断进行扩展的努力下，香港国际机场已经多次获得全球最佳机场的殊荣。

四、 随堂测验

1. 下列梁不必验算整体稳定的是（   ）。

A. 焊接工字形截面   B. 箱形截面梁

C. 型钢梁   D. 有刚性铺板的梁

2. 约束扭转使梁截面上（   ）。

A. 只产生正应力   B. 只产生剪应力

C. 产生正应力，也产生剪应力   D. 不产生应力

3. 判断题。无论梁是否需要计算整体稳定性，梁的支座处均应采取构造措施阻止端面发生扭转。   （   ）

五、 知识要点

梁的整体稳定计算	
1. 梁的整体稳定性计算	2. 无需进行整体稳定计算的前提条件
3. 当 $\varphi_b > 0.6$ 时的稳定系数修正	4. 影响梁整体稳定的主要因素

六、 常用公式

梁整体稳定计算：

$$\frac{M_x}{\varphi_b W_x} \leqslant f$$

当为双向受弯时，梁整体稳定性计算公式为：

$$\frac{M_x}{\varphi_b W_x} + \frac{M_y}{\gamma_y W_y} \leqslant f$$

七、 讨论

为了提高钢梁的整体稳定性，设计时可采取哪些措施？哪些措施更有效、更适合于工程应用？

八、 工程案例教学

上海卢浦大桥

上海卢浦大桥为中承式钢结构拱桥，主跨 550m，横跨黄浦江，如图 5 - 16 所示。为不影响通航，主拱采取悬臂的方法进行逐段拼装，为抵抗大跨度悬臂施工所产生的巨大应力，卢浦大桥主拱采用扣索法施工即在浦东浦西各设置临时索塔体系，以满足施工需要。除辅助河跨拱肋施工外，在河跨桥面板吊装以及水平索安装和内力调整期间，临时索、塔体系还起到辅助拱肋受力、避免拱肋局部变形过大，逐步将荷载由索塔向拱肋转移、完成受力体系转换

的作用；同时，该系统还具有在施工期间的抗风及稳定作用。因此，索塔体系尽管属临时措施，但其设计和施工参照大桥永久构件的标准进行。

图 5-16　上海卢浦大桥

临时索塔承受的荷载主要包括索塔自重、通过锚箱作用在索塔上的临时拉索索力、风荷载、温度应力、塔吊附墙所带来的水平力以及其他施工荷载。主桥施工采用的是将三种方法混合而成的新型系杆拱桥施工法，其尚无先例可循；且为空间三维曲线全焊钢结构，安装精度要求高，施工技术复杂。

卢浦大主拱呈 1∶5 向内倾斜，主墩处桥面宽度虽仅 41m 但主墩宽度达 67.5m 之多，如果将临时塔主支座设置在主墩两侧，则其结构将无比之庞大，经济上必然很不合理，施工工期也无法满足要求，通过与设计院的协调合作，最终决定将临时塔设置在三角区 9 号桥面板之上，同时对桥面板及桥面板下大立柱等钢结构进行相应扩大以及加强处理。

在选定塔柱结构时，对其主受力构件先后进行过钢管加填芯混凝土、万能构件、箱形柱等多种形式的设计和比较，同时还专门委托同济大学进行了全桥风洞试验。最后从结构安全及稳定性、现场安装可能性、经济性三个方面的综合比较出发，决定参照工业与民用建筑中的高层钢结构体系，采取箱形柱加型钢连接的方式，如图 5-17 所示。卢浦大桥的实际使用证明，临时索塔体系的应用非常成功，顺利地完成了预定的各项目标。

在经历卢浦大桥临时索塔体系设计、安装及拆除全过程的实践后，深刻体会到类似措施虽属临时工程，但其结构在很多方面已与永久结构不可避免地紧密结合在一起，只有自开始就将这些措施的设计和施工与全桥结构的设计及施工监控等放在一起整体进行考虑，才能达到综合成本及社会效益的最优化。

为了更深入地了解上海卢浦大桥，推荐与此相关的论文供参考。

1. 仲子家，程胜一，张晓沪. 上海市卢浦大桥钢结构精密工程测量［J］. 工程勘察，2006（s1）：378-386.

本文主要介绍了以上海市卢浦大桥钢结构精密工程测量为例，详细叙述大型钢结构在安

图 5-17　上海卢浦大桥索塔体系

装施工过程中的测量方法和手段。

2. 魏举. 上海卢浦大桥临时索塔安装施工技术 [J]. 安装，2004 (5)：11-12.

本文主要介绍了临时索塔作为卢浦大桥拱圈吊装的辅助手段，在安装中所采用的一系列新技术。

3. 杨宏杰. 上海卢浦大桥临时索、塔体系的设计与施工 [J]. 建筑施工，2003，25 (6)：427-430.

本文主要介绍了卢浦大桥主拱采用扣索法施工，在岸侧设置临时索塔。该索塔体系尽管属临时措施，但其设计与施工参照大桥永久构件的标准进行。

第五节　受弯构件腹板的局部稳定

一、问题引入

《道德经》有云："天下难事必作于易，天下大事必作于细"，这句话说的是天下的难事都是从容易的时候发展起来的，天下的大事都是从细小的地方一步步形成的。解决难事要从还容易解决时去谋划，做大事要从细小处做起。为了更好地实现梁的整体稳定这一"天下大事"，一起从翼缘和腹板的局部稳定这一细小的事情做起，请思考以下问题：

腹板加劲肋有哪几种形式？各用于哪些情况来提高腹板的局部稳定性？

二、 课堂内容

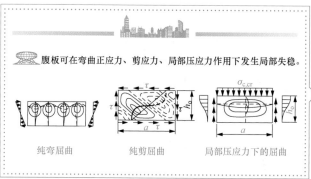

腹板可在弯曲正应力、剪应力、局部压应力作用下发生局部失稳。

纯弯屈曲　　纯剪屈曲　　局部压应力下的屈曲

● 与轴心受压构件类似， 受压翼缘和腹板也有可能发生波形屈曲， 称为丧失局部稳定。 丧失局部稳定后， 将导致受力性能恶化， 使梁的承载能力和整体稳定性降低。 钢梁设计时可通过增加腹板的厚度或设置加劲肋来提高腹板的稳定性。

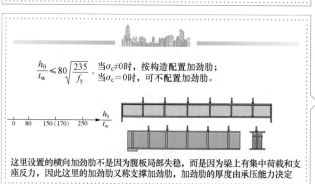

$$\frac{h_0}{t_w} \leqslant 80\sqrt{\frac{235}{f_y}}$$ ， 当$\sigma_c \neq 0$时， 按构造配置加劲肋；
当$\sigma_c = 0$时， 可不配置加劲肋。

这里设置的横向加劲肋不是因为腹板局部失稳，而是因为梁上有集中荷载和支座反力，因此这里的加劲肋又称支撑加劲肋，加劲肋的厚度由承压能力决定

● 对于常规钢结构， 腹板的高厚比限值觉得能超过 250。
常用的加劲肋形式有横向加劲肋、纵向加劲肋和短加劲肋三种。 集中荷载作用处宜设置支承加劲肋， 此时将不再考虑集中荷载对腹板产生的局部压应力作用， 即取 $\sigma_c = 0$。 注意区分支撑加劲肋和横向加劲肋。

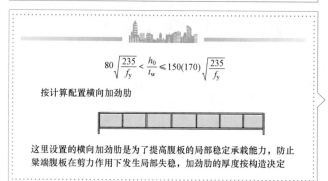

$$80\sqrt{\frac{235}{f_y}} < \frac{h_0}{t_w} \leqslant 150(170)\sqrt{\frac{235}{f_y}}$$

按计算配置横向加劲肋

这里设置的横向加劲肋是为了提高腹板的局部稳定承载能力，防止梁端腹板在剪力作用下发生局部失稳，加劲肋的厚度按构造决定

● 支承加劲肋既要起加强腹板局部稳定性的作用， 同时还要承受集中荷载或支座反力， 以避免集中荷载或支座反力直接传给较薄梁腹板产生较大的局部压应力。

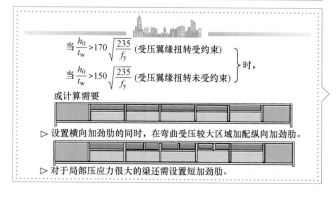

当 $\dfrac{h_0}{t_w} > 170\sqrt{\dfrac{235}{f_y}}$ (受压翼缘扭转受约束)
当 $\dfrac{h_0}{t_w} > 150\sqrt{\dfrac{235}{f_y}}$ (受压翼缘扭转未受约束) ⎫时，
或计算需要

▷ 设置横向加劲肋的同时，在弯曲受压较大区域加配纵向加劲肋。

▷ 对于局部压应力很大的梁还需设置短加劲肋。

● 横向加劲肋主要用于防止由剪应力作用可能引起的腹板失稳， 纵向加劲肋主要用于防止由弯曲应力可能引起的腹板失稳， 短加劲肋主要防止由局部压应力可能引起的腹板失稳。

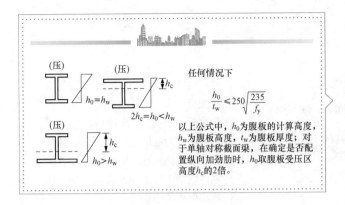

以上公式中，h_0为腹板的计算高度，h_w为腹板高度，t_w为腹板厚度；对于单轴对称截面梁，在确定是否配置纵向加劲肋时，h_0取腹板受压区高度h_c的2倍。

● 加劲肋宜成对、对称布置，对于静力荷载下的梁可单侧布置。仅设置横向加劲肋时，横向加劲肋的宽度：$b_s \geqslant h_0/30 + 40\text{mm}$，单侧布置时，宽度增加20%；横向加劲肋的厚度：$t_s \geqslant b_s/15$。同时设置横向、纵向加劲肋时，横向加劲肋除满足以上要求外还应满足刚度要求。

三、钢结构赏析

菲律宾马利万斯项目钢结构廊道

菲律宾马利万斯电站码头工程输煤廊道总长近700m，由BC1、BC2廊道及一座转运站组成。工程难点主要集中在几跨钢结构的安装，最大跨度29m，最重跨大约35t，安装高度比较大，水上最高的离水面35m，陆上最高的离地面42m，如图5-18所示。这样的高度给吊装带来了极大的难度。

图5-18　钢结构吊装

经过对质量、安全、进度和效益的综合比对考虑，决定水上三跨采用菲律宾最大吨位的水上起重设备——500t起重船"航工起七"进行吊装，如图5-19所示。陆上三跨吊装则租用菲律宾最大吨位的陆上起吊设备700t汽车吊进行吊装。

最终，菲律宾水陆双雄分别各用了一天半时间完成了总共6跨钢结构的吊装任务，为码头水电安装及皮带机安装创造了条件，并最终为码头输煤系统提前交付电厂打下基础。钢结构廊道对各桁架和立柱现场拼装，焊接并安装走台和钢格板，安装完毕后，检查焊缝和各高强螺栓的栓接质量。

钢结构廊道安装时，采用经纬仪、水平仪、悬吊线坠等对钢结构的安装过程的结果进行检查，安装精度需满足以下要求：立柱的垂直度允许偏差为3/1000；桁架的轴线的直线

图 5-19 水上吊装

度不低于 1/500，并控制桁架柱脚的垂直度；横向水平度控制在 2/1000 内。在整机安装完毕、单机调试时，再对整机运行的平稳性进行综合检查，以验证钢结构廊道的安装实施效果。

四、随堂测验

1. 梁的横向加劲肋应设置在（　　）。

A. 弯曲应力较大的区段　　　　　　B. 剪应力较大的区段

C. 有较大固定集中力的部位　　　　D. 有吊车轮压的部位

2. 焊接工字形截面梁腹板配置横向加劲肋的目的是（　　）。

A. 提高梁的抗弯强度　　　　　　　B. 提高梁的抗剪强度

C. 提高梁的整体稳定性　　　　　　D. 提高梁的局部稳定性

3. 梁腹板的高厚比处于 80 和 170 之间时，应设置（　　）。

A. 横向加劲肋　　　　　　　　　　B. 纵向加劲肋

C. 短加劲肋　　　　　　　　　　　D. 可以不加

4. 深圳位于中国南部海滨，地处广东省南部，珠江口东岸，东临大亚湾和大鹏湾；西濒珠江口和伶仃洋；北部与东莞、惠州两城市接壤，请问南边隔着深圳河与（　　）相连。

A. 澳门　　　　　　　　　　　　　B. 珠海

C. 香港　　　　　　　　　　　　　D. 台湾

五、知识要点

受弯构件的局部稳定	
1. 翼缘的局部稳定	2. 腹板局部失稳的方式
3. 腹板的临界应力与局部稳定计算	4. 加劲肋设计

六、常用公式

梁受压翼缘局部稳定：

$$\frac{b_1}{t} \leqslant 15\varepsilon_{\mathrm{K}}$$

当梁按弹塑性阶段设计，即截面允许出现部分塑性时（$\gamma_{\mathrm{x}} > 1.0$），满足 S3 级要求：

$$\frac{b_1}{t} \leqslant 13\varepsilon_{\mathrm{K}}$$

当梁按塑性设计方法设计时，允许梁出现塑性铰，要求截面具有一定的转动能力。这时对受压翼缘的宽厚比限值要求更高，满足 S1 级要求，应满足：

$$\frac{b_1}{t} \leqslant 9\varepsilon_{\mathrm{K}}$$

七、讨论

型钢梁的设计原则有哪些？

八、工程案例教学

⚲ 三峡升船机

三峡升船机是三峡水利枢纽的永久通航设施之一，布置在枢纽左岸，位于永久船闸右侧、临时船闸左侧的 7 号与 8 号非溢流坝段之间，距其左侧的三峡双线五级船闸约 1km，如图 5 - 20 所示。三峡升船机主要通过船厢垂直升降载着船舶上下克服水位落差，用于为客货轮和特种船舶提供快速过坝通道，并与双线五级船闸联合运行，提高枢纽的航运通过能力，保障枢纽通航的质量。

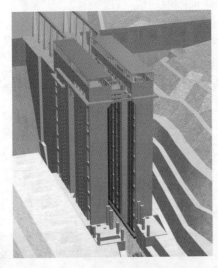

图 5 - 20　三峡升船机

三峡升船机高程 196m 横梁、纵梁及观光平台均为现浇混凝土，规模巨大，技术复杂，史无前例。考虑到高空施工作业的难度和安全要求，以及高空位置大型构件的起吊、安装及拆除的施工难度和众多不安全因素，经过多方面的综合考虑，决定采用便于吊装、组合、安装和拆除的贝雷架施工方案。

在三峡升船机塔柱 7 根横梁中，只有位于塔柱轴线中间位置的"HL7"的宽度是 2m，是其他横梁宽度的 2 倍，其施工载荷也是最大的，所以对"HL7"施工支撑贝雷架（即贝雷桁架梁 4）的承载能力的要求也是最高的。横向每榀桁架都设置两层贝雷架，每层由八片 3m 标准贝雷片和一片 1.5m 标准贝雷片组装而成，纵向一共 18 榀，榀间距均为 225mm，18 榀贝雷桁架用若干个 6 孔 450 支撑架及 225 联板连接成一整个贝雷桁架，另外为了加强贝雷桁架的承载能力，上都安装了加强弦杆，整个贝雷桁架跨度25.6m，宽4m，高3.2m。单片贝雷桁架由上下弦杆、菱形腹杆和连接弦杆的竖杆组成，杆件交汇处通过小节点板用螺栓连接或焊接，如图5-21所示。

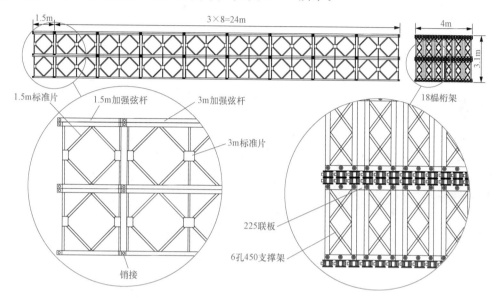

图 5-21　三峡升船机结构示意图

三峡升船机塔柱横梁施工采用的贝雷架支撑系统是典型的大跨度空间桁架结构，塔柱横梁施工过程中，主要承受竖向载荷，容易发生弯曲变形，且贝雷架不仅要承受轴力，还要承受较大的弯矩。

为了更深入地了解三峡升船机，推荐与此相关的论文供参考。

1. 杨悬. 三峡升船机塔柱横梁施工钢结构支撑系统研究［D］. 三峡大学，2013.

本文简要介绍了三峡升船机塔柱横梁施工的钢结构支撑系统方案及贝雷架的结构特点，分析了贝雷架支撑系统的技术特点和需要重视的关键问题。基于风场数值模拟方法，对升船机塔柱横梁施工现场进行了风场模拟，为贝雷架支撑系统的安装和拆卸提供了参考。

2. 郭彬，金海军，曹怀志. 三峡升船机关键技术问题［J］. 水力发电，2009，35（12）：79-81.

本文针对三峡升船机规模宏大，采用齿轮齿条爬升方式，运行条件复杂等情况，通过对塔柱变形、土建结构和船厢室段一、二期埋件精度、齿条和船厢设备制造等关键技术问题的分析，提出对策，确保建成的升船机能安全可靠地投入运行。

3. 瞿伟廉，周耀. 三峡升船机结构简化力学模型［J］. 土木工程与管理学报，2003，20（4）：1-3.

本文利用三维有限元方法计算的结构动力特性和简化结构的动力特性相等的原则修正升船机结构简化力学模型，并确定了等效的升船机简化结构模型和系统参数。分析和计算表明，建立的简化力学模型较好地反映了升船结构的动力特性和地震反应，建立的简化力学模型可用于升船机顶层厂房地震鞭梢效应的智能控制设计。

第六节　梁的设计

① 一、问题引入

汉朝刘向的《说苑·政理》有这么一句话："夫耳闻之，不如目见之；目见之，不如足践之。"这句话说的是从别人那里听来的事情，没有亲眼所见的可靠；亲眼所见，又不如亲自尝试去做。前面已经了解了很多有关梁的知识，接下来去了解如何进行梁的设计吧。

型钢梁和组合梁，都是常用的受弯构件。两者的设计理论是相同的，但具体的设计方法存在一些差异。这些差异在设计计算中体现在哪些方面呢？这是本节需要重点关注的内容。

⊠ 二、课堂内容

设计原则

◇ 满足强度、刚度、稳定性要求。热轧型钢的局部稳定一般均满足要求，不必验算。

● 设计梁时，应对梁的强度、整体稳定性和刚度进行验算，除 H 型钢外的热轧型钢的腹板高厚比和翼缘宽厚比都不太大，能满足局部稳定要求，不需进行局部稳定验算。当采用 H 型钢梁或组合梁时，还应进行局部稳定验算。

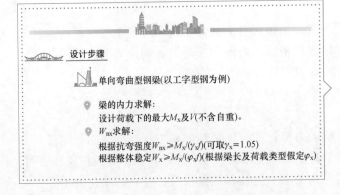

设计步骤

单向弯曲型钢梁（以工字型钢为例）

● 梁的内力求解：
设计荷载下的最大M_x及V(不含自重)。

● W_{nx}求解：
根据抗弯强度$W_{nx} \geq M_x/(\gamma_x f)$(可取$\gamma_x = 1.05$)
根据整体稳定$W_x \geq M_x/(\varphi_x f)$(根据梁长及荷载类型假定$\varphi_x$)

● 对承受静力荷载或间接承受动力荷载的简支梁，只是有限利用了截面的塑性。规范取塑性发展总深度不大于截面高度的1/4，通过塑性发展系数γ_x和γ_y来实现。γ_x和γ_y均小于γ_F。

设计步骤

单向弯曲型钢梁(以工字型钢为例)

最大剪力验算： $\tau_{max} \leqslant \dfrac{V S}{I\, t_w} \leqslant f_v$

整体稳定验算 $\dfrac{M_x}{\varphi_b W_x} \leqslant f$

局压验算 $\sigma_c = \dfrac{\psi F}{t_w l_z} \leqslant f$

刚度验算 $v \leqslant [v]$

● 梁的刚度计算属于正常使用极限状态问题， 就是要保证在荷载标准值作用下梁的最大挠度 v 不致影响结构的正常使用和观感。

 设计步骤

双向弯曲型钢梁(以工字型钢为例)

📍 梁的内力求解：
◇ 设计荷载下的最大 M'_x、 V'(不含自重)和 M_y。

📍 W_{nx} 可由强度初估：

$$W_{nx} \geqslant \left(M'_x + \dfrac{\gamma_x}{\gamma_y}\dfrac{W_{nx}}{W_{ny}}M_y\right)\dfrac{1}{\gamma_x f} = \dfrac{M'_x + \alpha M_y}{\gamma_x f}$$

α——经验系数
◇ 选取适当的型钢截面，得截面参数。

● W_{nx}， W_{ny}——对 x 轴和 y 轴的净截面模量；

γ_x， γ_y——截面的塑性发展系数。

 设计步骤

双向弯曲型钢梁(以工字型钢为例)

📍 最大剪力验算：$\tau_{max} \leqslant \dfrac{V \cdot S}{I \cdot t_w} \leqslant f_v$

📍 整体稳定验算：$\dfrac{M_x}{\varphi_b W_x} + \dfrac{M_y}{\gamma_y W_y} \leqslant f$

📍 局压验算：$\sigma_c = \dfrac{\psi F}{t_w l_z} \leqslant f$

📍 刚度验算：$v \leqslant [v]$

● 通常情况下， 梁既承受弯矩 M，又承受剪力 V。

 截面选择

截面高度

🔘 容许最大高度 h_{max}(净空要求)；

🔘 容许最小高度 h_{min}

◇ 由刚度条件确定，以简支梁为例：

$$v = \dfrac{5}{384}\dfrac{q_k l^4}{EI_x} = \dfrac{5l^2}{48}\cdot\dfrac{M_k}{EI_x} = \dfrac{10 M_k l^2}{48 E W_x h} = \dfrac{10\sigma_k l^2}{48 E h}$$

● 梁的截面高度 h 根据下面三个参考高度确定：
（1） 根据建筑容许确定 h_{max}；
（2） 根据建筑容许确定 h_{min}；
（3） 根据经济指标确定 h_e。

截面选择

🔵 梁的经济高度h_e。经验公式：

$$h_e \approx 2W_x^{0.4} \text{ 或 } h_e = 7 \cdot \sqrt[3]{W_x} - 30 \text{ (单位cm)}$$

式中：$W_x = M_x/(\alpha f)$

系数α：(1)截面无削弱时$\alpha = \gamma_x$；否则$\alpha = 0.85 \sim 0.9$；

(2)吊车梁有横向荷载时：$\alpha = 0.7 \sim 0.9$。

● 梁的经济高度是指在满足设计要求的情况下，经济成本最低的高度。可根据经验公式算出。

截面选择

 腹板高度h_w

◇因翼缘厚度较小，可取h_w比h稍小，满足50的模数。

 腹板厚度t_w

◇由抗剪强度确定：$t_w \geqslant 1.5V_{max}/(h_w f_v)$

◇一般按上式求出的t_w较小，可按经验公式计算；

$$t_w = \sqrt{h_w}/3.5 \text{ 或 } t_w = \sqrt{h_w}/11 \text{(单位：cm)}$$

◇构造要求：$t_w \geqslant 6mm$ 且 $h_0/t_w \leqslant 250\sqrt{235/f_y}$

● 腹板厚度根据计算结果确定，应考虑钢板的现有规格，通常取 2mm 的倍数。

翼缘尺寸确定（由W_x及腹板截面面积确定）；

$$I_x = \frac{1}{12}t_w h_w^3 + 2b_f t\left(\frac{h_1}{2}\right)^2 \qquad W_x = \frac{2I_x}{h} = \frac{1}{6}t_w\frac{h_w^3}{h} + b_f t\frac{h_1^2}{h}$$

取：$h \approx h_1 \approx h_w$

$$W_x = \frac{t_w h_w^2}{6} + b_f t h_w, \quad b_f t = \frac{W_x}{h_w} - \frac{t_x h_w}{6}$$

另，一般有：$\frac{h}{6} \leqslant b_f \leqslant \frac{h}{2.5}$，代入上式得$t$。

确定b_f、t尚应考虑板材的规格及局部稳定要求。

● 腹板尺寸选定后，求得需要的翼缘面积，只要确定了其中 b 和 t 中一个变量，另一个也就确定了。

通常采用 t 为 2mm 的倍数，b 为 10mm 的倍数。

 截面验算

☆截面确定后，求得截面几何参数I_x，W_x，I_y，W_y等。

🔹 强度验算；抗弯强度、抗剪强度、局压强度、折算应力；

🔹 整体稳定验算；

🔹 刚度验算；

🔹 动荷载作用，必要时尚应进行疲劳验算。

● 验算项目包括强度（抗弯、抗剪、局部压应力和折算应力）、刚度、整体稳定性和局部稳定性验算，若不满足要求，应调整截面尺寸，直至完全满足要求为止。

组合梁截面沿长度的改变

✘ 改变翼缘板截面

◇ 单层翼缘板，一般改变 b_f，而 t 不变，做法如图；

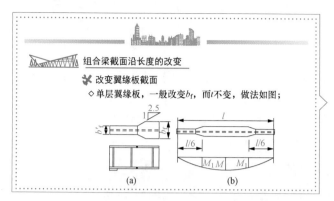

组合梁截面沿长度的改变

✔ 改变梁高

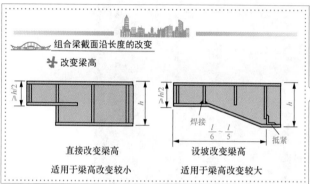

直接改变梁高　　　　设坡改变梁高

适用于梁高改变较小　　适用于梁高改变较大

焊接组合梁翼缘焊缝计算

◇ 单位长度上的剪力 V_1：

$$V_1 = \tau_1 t_w = \frac{VS_1}{I_x t_w} t_w = \frac{VS_1}{I_x}$$

式中　S_1——翼缘截面对中和轴的面积矩；

$$\tau_f = \frac{V_1}{2 \times 0.7 h_f} = \frac{VS_1}{1.4 h_f I_x} \leqslant f_f^w$$

$$h_f \geqslant \frac{VS_1}{1.4 I_x f_f^w}$$ 且满足构造要求。

焊接组合梁翼缘焊缝计算

◇ 当有集中力作用而又未设加劲肋时，应进行折算应力计算；

$$\sigma_f = \frac{\psi F}{2 h_e l_z} = \frac{\psi F}{1.4 h_f l_z}$$

由 $\sqrt{\left(\frac{\sigma_f}{\beta_f}\right)^2 + \tau_f^2} \leqslant f_f^w$ 得：$\sqrt{\left(\frac{\psi F}{1.4 h_f l_z \beta_f}\right)^2 + \left(\frac{VS_1}{1.4 h_f l_x}\right)^2} \leqslant f_f^w$

$$h_f \geqslant \frac{1}{1.4 f_f^w} \sqrt{\left(\frac{\psi F}{\beta_f l_z}\right)^2 + \left(\frac{VS_1}{I_x}\right)^2}$$

● 采用改变翼缘宽度的方式时，对于承受均布荷载或多个集中荷载作用的简支梁，约在距支座 $l/6$ 处改变截面比较经济。

● 改变端部梁高的方式，将梁的下翼缘做成折线外形而翼缘截面保持不变。由于梁的端部高度减小，可降低建筑的高度。

● 焊接组合梁受弯时，由于不同截面上的弯矩差异，翼缘内力存在差值，因此翼缘与腹板之间将产生剪力 V_h。

● 在焊接组合梁中，翼缘与腹板间的连接采用连续的角焊缝或焊透的 T 形连接焊缝（也称 K 形焊缝）。采用焊透的 T 形连接焊缝，可认为焊缝与主体金属等强，而不必进行焊缝强度计算，常在吊车梁中使用。

⚙ 三、 钢结构赏析

📍广州白云国际机场

广州白云国际机场（ICAO 机场代码：ZGGG；IATA 机场代码：CAN），建于 2000 年 8 月，是位于广东省省会广州市的一座大型民用机场，国内三大航空机场之一，于 2004 年 8 月 5 日正式启用，地处广州市白云区人和镇和花都区新华街道、花东镇交界处，往返机场有机场高速直达。如图 5-22 所示为广州白云机场整体效果图。

图 5-22 广州白云国际机场整体效果图

1933 年夏季，广州白云机场建成，机场原址位于广州市白云区西侧。最初主要用于军事目的，后改建成民用。改革开放后白云机场发展迅猛，其旅客吞吐量和起降架次曾连续 8 年位居全国第一。但由于旧白云机场位于市区中心，经过数次扩建但仍远远无法满足需求，择新址建设新机场势在必行。

新机场的选址工作从 1992 年就开始进行，经过多年准备，最终选址距市区北部 28 公里的花都区新华街道及白云区人和镇的交界处，占地规模比原机场大近 5 倍。新机场于 2000 年 8 月正式动工，耗资 198 亿元人民币，历时四年于 2004 年 8 月 2 日竣工，并于同年 8 月 5 日零时正式启用，而服务了 72 年的旧白云机场也随之关闭。新机场也被称为"新白云"，以区别于旧机场，但这并非正式名称的一部分。这是我国首个按照中枢机场理念设计和建设的航空港。

📋 四、 随堂测验

1. 经济梁高是指（   ）。

A. 用钢量最小时的梁截面高度

B. 强度与稳定承载力相等时的截面高度

C. 挠度等于规范限值时的截面高度

D. 腹板与翼缘用钢量相等时的截面高度

2. 梁的最小高度是由（　　）控制的。

A. 强度　　　　　　　　B. 建筑要求　　　　　　C. 刚度　　　　　　　　D. 整体稳定

3. 双轴对称工字形双面简支梁，跨中有一向下集中荷载作用于腹板平面内，作用点位于（　　）时整体稳定性最好。

A. 形心

B. 下翼缘

C. 上翼缘

D. 形心与上翼缘之间

4. 广州新白云国际机场是国内三大航空机场之一，请问其余的两个机场是（　　）。

A. 北京首都国际机场

B. 深圳宝安国际机场

C. 上海浦东国际机场

D. 成都双流国际机场

🎯 五、 知识要点

钢梁的设计

1. 设计原则

2. 设计步骤

3. 型钢梁的设计：初选截面、截面验算

4. 组合梁的设计

（1）截面设计　　　　　　　（2）梁截面沿梁长度的改变　　　　　　　（3）腹板与翼缘间焊缝的计算

🧑‍🤝‍🧑 六、 讨论

梁的截面验算步骤有哪些？如何提高钢梁的设计与验算的效率？

🏢 七、 工程案例教学

📍 重庆国际博览中心

重庆国际博览中心是一座集展览、会议、餐饮、住宿、演艺、赛事等多功能于一体的现代化智能场馆，如图 5-23 所示。重庆国际博览中心位于重庆两江新区的核心——悦来会展城，是西部最大的专业化场馆。场馆室内展览面积 20 万 m^2，共 16 个全平层无柱式展厅，单个展厅使用面积 1.15 万 m^2，地面承重 3.5～5t，室外展场 5.8 万 m^2，地面承重 5t。位于南北展区中间的多功能厅使用面积为 2 万 m^2，净高约 20m，可搭建 1010 个室内展位或容纳 1.5 万个座位，可举办演出、体育赛事、超大会议等多种大型室内活动。

为突出建筑第五立面（屋面）的蝴蝶轮廓，在南北展馆区、会议中心、多功能厅及各区间道路和场地上空设置了一层铝结构镂空曲壳屋面，并在其双翅区域各形成了 4 个大小各异的梯田状椭圆形生态包。此铝结构装饰屋面覆盖面积 53.7 万 m^2，铝型材用量约 1 万 t。工程中铝屋盖均采用 6061-T6 铝材，各结构区钢屋盖钢材均采用 Q345B 和 Q345GJC（厚度大于 35mm），如图 5-24 为博览中心铝屋盖。

重庆国际会议展览中心位于重庆市南岸区南桥头，矗立于南岸区商业中心核心位置。周

图 5-23　重庆国际博览中心整体效果图

图 5-24　重庆国际博览中心铝屋盖示意图

边围绕即将建成的重庆市艺术馆及多个超级商场,离假日酒店只有 10min 步行距离。通往重庆国际机场只需 30min 高架桥路车程,通往朝天门码头只需 20min 车程,通往为车站也只需 10min 车程,而 3 号轻轨线不久之后也将设立国际会展中心车站。快速的城市干道和便捷的人行步道有序地设置在国际会展中心周边,为展会组织者、参展商和参观人群提供便利的交通环境。

　　为了更加方便地了解空间弯扭钢结构这一形式,推荐相关论文供参考。

　　1. 黄橙,周文源,卫东,等. 重庆国际博览中心会议中心大跨实腹钢梁组合楼板竖向振动舒适度问题研究 [C] // 全国钢结构技术学术交流会. 2013.

　　本文主要研究了楼板竖向振动舒适度问题是人体工程学与结构工程学的交叉课题。文章针对重庆国际博览中心项目中的会议中心大跨实腹钢梁组合楼板竖向振动舒适度问题，采用两种不同的时程步行荷载模式，三种不同的人员行走方式，以及多种人员激励频率的多工况综合时程分析，得出一些有价值结论。

2. 谭金涛，尹昌洪，曹璐，等．重庆国际博览中心铝合金屋面设计［J］．钢结构，2013，28（3）：32-35.

本文主要介绍了铝框架及铝桁架采用的节点形式，为其他类似大型屋面项目提供参考。

3. 卫东，周文源，周忠发，等．重庆国际博览中心结构设计中的关键技术［J］．建筑结构，2013（17）．

本文主要介绍了项目各单体的结构特点，对铝屋盖及钢屋盖设计、大跨楼盖舒适度等设计难点进行了介绍。

第七节　吊车梁的设计

一、问题引入

陆游有诗云"纸上得来终觉浅，绝知此事要躬行。"这句诗说的是纸上得来的东西感受总不是很深刻，要真正弄明白其中的深意，还必须依靠亲身的实践，只有这样才能把书本上的知识变成自己的实际本领。前面已经了解了很多有关梁的知识，接下来让我们一起去看看如何进行吊车梁的设计吧。

与普通的受弯构件相比，吊车梁承载的最大特点是荷载种类多、量值大，并且荷载产生明显的动力效应。那么在设计中如何应对这样的挑战呢，采用什么样的方法解决这样的工程难题呢？

二、课堂内容

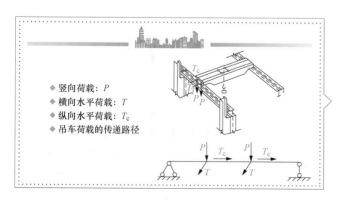

◆ 竖向荷载：P
◆ 横向水平荷载：T
◆ 纵向水平荷载：T_c
◆ 吊车荷载的传递路径

● 吊车梁位于吊车行走轨道下部，支承在柱子牛腿上，承受吊车荷载（包括吊车起吊重物、吊车运行时的移动集中竖向荷载，以及吊车制动时所产生的纵向和横向水平荷载）并传至柱子，并通过柱子把吊车荷载传到基础。

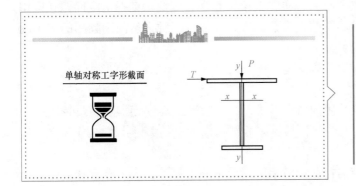

● 吊车梁的单轴对称工字形截面。吊车梁一般为简支梁，单轴对称截面增强了上部的受压翼缘。

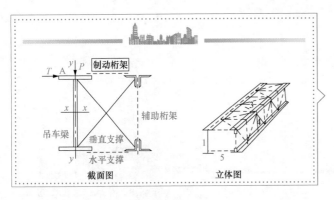

● 带制动桁架的吊车梁。
竖向荷载⇨吊车梁
横向水平荷载⇨制动桁架

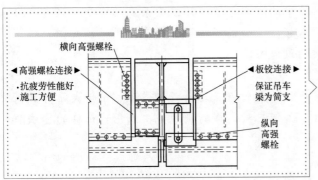

● 吊车梁的下翼缘和制动梁的外翼缘之间每隔一定距离用斜撑杆连接起来，或用板铰把制动梁的翼缘挂在墙架柱上。

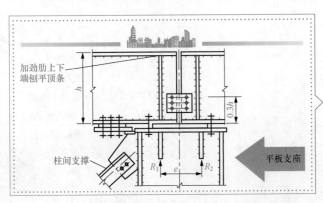

● 吊车梁支座的传力板形式。
（1）支座加劲肋；
（2）支座垫板：厚度 $t \geq 16\text{mm}$；
（3）传力板；
（4）缺点：柱受到吊车竖向荷载引起的较大弯矩作用。

$$M'_{\text{T}} = \Delta R \times e = (R_1 - R_2) \times e$$

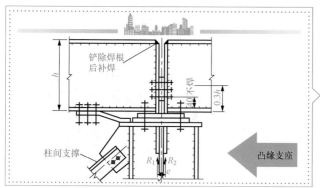

● 吊车梁支座的弹簧板形式。

（1）支座加劲肋；

（2）弹簧板；

（3）优点：e 较小，柱受到吊车较小的扭矩作用。

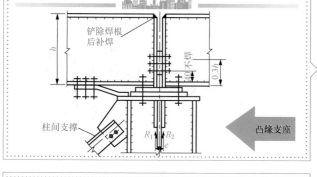

● 加强上翼缘吊车梁的截面强度验算。

受压区：A 点最不利

$$\sigma = \frac{M_x}{W_{nx}} + \frac{M_y}{W'_{ny}} \leqslant f$$

受拉区：$\sigma = \frac{M_x}{W_{nx2}} \leqslant f$

式中　W'_{ny}——吊车梁上翼缘截面对 y
　　　　　　　轴的净截面抵抗矩。

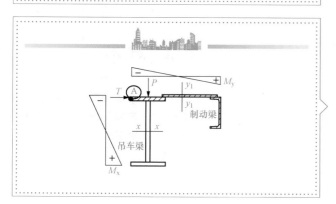

● 带制动梁的吊车梁的截面强度验算。

A 点最不利

$$\sigma = \frac{M_x}{W_{nx}} + \frac{M_y}{W'_{ny1}} \leqslant f$$

式中　W'_{ny}——制动梁截面对其形心轴
　　　　　　　y_1 的净截面抵抗矩。

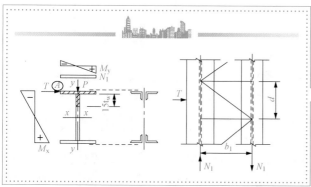

● 带制动桁架的吊车梁的截面强度验算。

A 点最不利

$$\sigma = \frac{M_x}{W_{nx}} + \frac{M'_y}{W'_{ny}} + \frac{N_1}{A_n} \leqslant f$$

式中 A_n——吊车梁上翼缘及腹板的
　　　　　　净截面面积之和。

设有制动结构的吊车梁，侧向弯曲刚度很大，整体稳定得到保证，不需验算加强上翼缘的吊车梁，应按下式验算其整体稳定：

$$\sigma=\frac{M_x}{\varphi_b W_x}+\frac{M_y}{W_y}\leq f$$

式中 φ_b——依梁在最大刚度平面内弯曲所确定的整体稳定系数。

● 吊车梁无制动结构时，无法有效约束侧向位移，此时应验算其整体稳定性。

📷 按效应最大的一台吊车的荷载标准值计算，且不乘动力系数

· 竖向挠度：$v_y=\frac{M_{kx}l^2}{10EI_x}\leq[v_y]$

· 水平挠度：$v_x=\frac{M_{ky}l^2}{10EI_{y1}}\leq\frac{l}{2200}$

● 对设有 A7、A8 级吊车的吊车梁，应验算制动结构有一台最大吊车的横向水平制动力所产生的水平挠度。

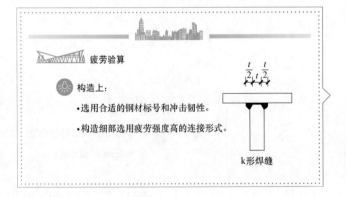

疲劳验算

构造上：

· 选用合适的钢材标号和冲击韧性。
· 构造细部选用疲劳强度高的连接形式。

k形焊缝

● 对重级工作制吊车梁和重、中级工作制吊车桁架，还应验算疲劳强度。应特别关注腹板与上部受压翼缘的焊缝连接，该焊缝直接承受动力荷载。为了避免疲劳破坏，应对吊车梁定期检查。

⚙ 三、钢结构赏析

📍 中国国学中心

　　中国国学中心位于北京奥林匹克公园中心区文化综合区，将是国家级、标志性、开放性的新型公益文化设施。中国国学中心与国家体育场（鸟巢）、国家游泳馆（水立方）、未来的国家美术馆、国家工艺美术馆等为邻，如图 5-25 所示，居于即将落成的北京国家级文化综合体之首，总建筑面积超过 8 万 m²。

　　从 2010 年 11 月至 2011 年 12 月，东南大学建筑设计研究院在两轮全球设计招标中胜出，被确定为中国国学中心项目设计总承包方。以齐康院士、王建国教授和张彤教授领衔的设计

图 5-25　中国国学中心整体效果图

团队集中了东南大学建筑学科各专业的优势力量，项目设计集中体现了对中国建筑空间理念与建构传统的萃取、传承与发展，展现了一个具有深厚文明传统、正在蓬勃发展的大国开放、自信的文化姿态，如图 5-26 所示。

图 5-26　中国国学中心

中国国学中心位于北京奥林匹克公园内，总体布局以正中对称之格局自南而北依次布置中国国学中心、国家美术馆、国家工艺美术馆三个国家级文化建筑。借龙形水系之势，环水融通，凸显文化之舟的意象。文化产业建筑生于东侧，势如绵山；山水之间，中华文化长廊俯仰天地，气贯长虹。

四、随堂测验

1. 中国国学中心的总建筑设计师为东南大学建筑研究所所长、教授，中国科学院院士，法国建筑科学院外籍院士,请问是(　　)。

  A. 吴良镛   B. 何镜堂

  C. 齐康   D. 贝聿铭

  2.(　　)是属于吊车梁截面验算的内容。

  A. 强度验算   B. 整体稳定验算

  C. 刚度验算   D. 疲劳验算

  3. 判断题。在设计吊车梁时,因为已经对吊车竖向荷载乘以动力系数了,所以不用进行疲劳验算。   (　　)

  4. 判断题。吊车梁是用于专门装载厂房内部吊车的梁,所以吊车梁只有竖向荷载。

                       (　　)

◎ 五、 知识要点

吊车梁的设计
1. 吊车梁的荷载
2. 吊车梁的截面类型
3. 吊车梁的连接
4. 吊车梁的验算

(1)强度验算   (2)整体稳定验算   (3)刚度验算   (4)疲劳验算

六、 讨论

  吊车梁荷载的传递路径是怎么样的?

七、 工程案例教学

◎ 珠海歌剧院

  珠海歌剧院是中国第一座建在海岛上的剧院。总建筑面积 5.9 万 m^2,包括 1550 座的大剧院、550 座多功能小剧院等,大小剧场呈日月双贝造型,又称"大贝壳""小贝壳",如图 5-27 所示。"日月贝"是由城市与规划设计学院陈可石教授主持设计的国内首个海上歌剧院,也是继悉尼歌剧院之后的另一个海上歌剧院。珠海歌剧院在 2009 年由珠海市政府向全球征集建筑设计方案,吸引了包括北京国家大剧院设计师和国家体育馆"鸟巢"设计师在内的来自美国、英国、德国、法国、瑞士等国三十余家著名设计机构以及国内顶尖设计大师的竞标。陈可石教授和设计团队提出的"日月贝"方案脱颖而出,最终获胜。

  珠海歌剧院包括大剧院、小剧院和入口大天窗 3 部分,如图 5-28 所示。其中,大、小剧院均为贝壳状造型,大剧院结构高 90m,宽 130m,内部剧院结构高 60m,地下 3 层,地上 7 层;小剧院结构高 56m,宽 80m,内部剧院结构高 36m,地下 1 层,地上 6 层。大、小剧院结构均由放射性径向桁架、环向弯扭构件、中部天窗桁架和钢拉梁几部分构成。

图 5-27 珠海歌剧院整体示意图

图 5-28 珠海歌剧院

大剧院钢结构主要由两边对称布置的径向桁架、环向弯扭杆件及中间玻璃顶桁架 3 部分组成。玻璃顶桁架两端刚接于径向桁架，跨度 20～38m，高度 2～5m。径向桁架宽 6～8m。贝壳外曲面四边形网格由径向桁架弦杆和环向弯扭杆件相交而成，尺寸约为 7m×5m。钢结构与内部混凝土结构在楼层位置通过拉梁拉接形成整体，部分采用埋入式刚接于 4.5m 承台，部分铰接支承于 6.0m、19.0m、27.0m 混凝土墙或梁上。钢结构最大板厚 50mm，最大构件截面 600mm×300mm×50mm×50mm，用量约 5700t。

为了更加方便地了解空间弯扭钢结构这一形式，推荐相关的论文供参考。

1. 邢遵胜，刘中华，娄峰．珠海歌剧院贝壳状空间钢架网格结构施工关键技术［J］．施工技术，2014，43（14）：50-53.

本文主要考虑珠海歌剧院钢结构工程造型独特，施工难度大，质量要求高等特点，根据工程结构特点、场地条件和气候条件，从深化设计、加工制作、施工工艺和作业标准等环节进行研发，确保项目顺利进行。

2. 施元强，邢遵胜．珠海歌剧院贝壳状曲面钢结构施工技术［J］．施工技术，2014，43

（14）：54-56.

本文主要介绍了珠海歌剧院主体钢结构采用空间网格体系，为确保总体施工进度，保证工程质量，降低施工难度，所采取的分段方式和施工方法。

3. 卜龙瑰，陈一，刘传佳，等. 珠海歌剧院屋盖钢结构设计［C］// 空间结构学术会议. 2012.

本文主要介绍了屋盖的结构体系及特点，同时采用 FLUENT 进行了数值风洞分析与风洞试验互相复核，给出了结构的基本静力及动力特性，并对整体稳定以及结构设计中的一些关键问题进行深入分析。

4. 徐勇彪，万利民，彭士俊，等. BIM 技术在珠海歌剧院施工中的应用［J］. 施工技术，2014，43（24）：67-71.

本文主要介绍利用 Revit、Rhino、Tfas、Tekla、Navisworks 等多种软件综合应用 BIM 技术，对工程进行施工模拟与仿真分析。

参 考 文 献

［1］中华人民共和国住房和城乡建设部．GB 50017—2017 钢结构设计标准［S］．北京：中国建筑工业出版社，2017.

［2］中华人民共和国住房和城乡建设部．JGJ 99—2015 高层民用建筑钢结构技术规程［S］．北京：中国建筑工业出版社，2016.

［3］中华人民共和国国家质量监督检验检疫总局，中国国家标准化管理委员会．SL 74—2013 水利水电工程钢闸门设计规范［S］．北京：中国标准出版社，2013.

［4］中华人民共和国住房和城乡建设部．GB 50009—2012 建筑结构荷载规范［S］．北京：中国建筑工业出版社，2012.

［5］中华人民共和国住房和城乡建设部．GB 50068—2018 建筑结构可靠度设计统一标准［S］．北京：中国建筑工业出版社，2019.

［6］中华人民共和国国家质量监督检验检疫总局，中华人民共和国建设部．GB 50205—2001 钢结构工程施工质量验收规范［S］．北京：中国计划出版社，2002.

［7］中华人民共和国住房和城乡建设部．JGJ 82—2011 钢结构高强度螺栓连接技术规程［S］．北京：中国建筑工业出版社，2011.

［8］中华人民共和国住房和城乡建设部．JGJ 18—2012 钢筋焊接及验收规程［S］．北京：中国建筑工业出版社，2012.

［9］曹平周，朱召泉．钢结构［M］.4 版．北京：中国电力出版社，2015.

［10］陈绍蕃．钢结构设计原理［M］.3 版．北京：科学出版社，2005.

［11］陈绍蕃．钢结构稳定设计指南［M］.3 版．北京：中国建筑工业出版社，2013.

［12］陈绍蕃，顾强．钢结构上册钢结构基础［M］.3 版．北京：中国建筑工业出版社，2014.

［13］范崇仁．水工钢结构［M］.4 版．北京：中国水利水电出版社，2014.